Science Popularization of Advanced Materials in China: Annual Report (2023)

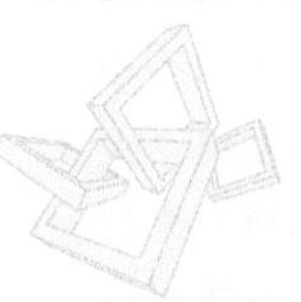

中国新材料科学普及报告

——走近前沿新材料 5

中国工程院化工、冶金与材料工程学部
中国材料研究学会
组织编写

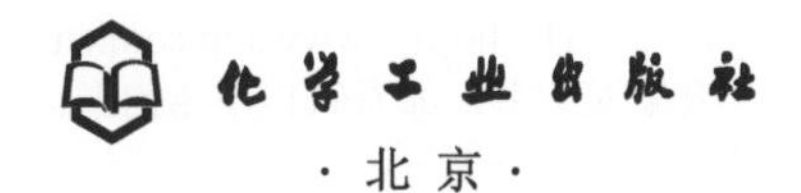

化学工业出版社
·北京·

内容简介

新材料产业是制造强国的基础，是高新技术产业发展的基石和先导。为了普及材料知识，吸引青少年投身于材料研究，促使我国关键材料“卡脖子”问题尽快得到解决，本书甄选部分对我国发展至关重要的前沿新材料进行介绍。书中涵盖了12种前沿新材料，主要涉及战略金属铟、有机长余辉发光材料、驭光魔力的超构表面、沸石分子筛、手性碳点、热隐身材料、电子纸、脑机接口电极、软体机器人、3D打印用墨水、液体弹珠、食用色素等。全书所选内容既有我国已经取得的一批革命性技术成果，也有国际前沿材料、先进材料的研究成果，以期推动我国材料研究和产业快速发展。

每一种材料都深入浅出地阐释了源起、范畴、定义和应用领域，还配有引人入胜的小故事和图片，让广大读者特别是中小学生更好地学习和了解前沿新材料。

图书在版编目（CIP）数据

中国新材料科学普及报告. 2023：走近前沿新材料. 5/中国工程院化工、冶金与材料工程学部，中国材料研究学会组织编写. —北京：化学工业出版社，2024.6

ISBN 978-7-122-45383-9

Ⅰ.①中…　Ⅱ.①中…　②中…　Ⅲ.①新材料应用-研究报告-中国　Ⅳ.①TB3

中国国家版本馆CIP数据核字（2024）第069589号

责任编辑：刘丽宏　　文字编辑：吴开亮
责任校对：田睿涵　　装帧设计：王晓宇

出版发行：化学工业出版社（北京市东城区青年湖南街13号　邮政编码100011）
印　　装：北京建宏印刷有限公司
787mm×1092mm　1/16　印张 $11^1/_2$　字数217千字　2024年6月北京第1版第1次印刷

购书咨询：010-64518888　　售后服务：010-64518899
网　　址：http://www.cip.com.cn

定　　价：108.00元

《中国新材料科学普及报告（2023）》

总 序

材料是经济社会发展的物质基础，是高新技术、新兴产业、高端制造、重大工程发展的技术先导。关键材料核心技术和产业发展路径的突破需要基础研究、产业发展、技术应用系统性协同发展，同时，科学普及对新材料、新技术的应用推广具有重要推动作用。

中国材料研究学会每年面向全社会公开出版构建中国新材料自主保障体系的系列战略品牌报告《中国新材料研究前沿报告》《中国新材料产业发展报告》《中国新材料技术应用报告》《中国新材料科学普及报告——走近前沿新材料》四部，旨在从多领域、多角度、多层次引导新发展方向。

系列战略品牌报告由中国工程院化工、冶金与材料工程学部和中国材料研究学会共同组织编写，由中国材料研究学会新材料发展战略研究院组织实施。报告秉承“材料强国”的产业发展使命，为不断提升原始创新能力，加快构建产业技术体系、积极推动技术应用融合、加大科学普及力度贡献战略智慧。其中，《中国新材料研究前沿报告》聚焦行业发展重大原创技术、关键战略材料领域基础研究进展和新材料创新能力建设，梳理出发展过程中面临的问题，并提出应对策略和指导性发展建议；《中国新材料产业发展报告》围绕先进基础材料、关键战略材料和前沿新材料的产业化发展路径和保障能力问题，提出关键突破口、发展思路和解决方案；《中国新材料技术应用报告》基于新材料在基础工业领域、关键战略产业领域和新兴产业领域中应用化、集成化问题以及新材料应用体系建设问题，提出解决方案和政策建议；《中国新材料科学普及报告——走近前沿新材料》旨在推动不断出现的材料新技术、新知识、新理论和新概念服务于新型产业的发展，促进新材料更快、更好地服务于经济建设。四部报告以国家重大需求为导向，以重点领域为着眼点开展工作，对涉及的具体行业原则上每隔2 ～ 4年进行循环发布，这期间的动态调研与研究会持续密切关注行业新动向、新业势、新模式，及时向广大读者报告新进展、新趋势、新问题和新建议。

本期公开出版的四部报告为《中国新材料研究前沿报告（2023）》《中国新材料产业发展报告（2023）》《中国新材料技术应用报告（2023）》《中国新材料科学普及报告（2023）——走近前沿新材料5》，得到了中国工程院重大咨询项目“新材料强基补链与自主创新发展战略研究”“关键战略材料研发与产业发展路径研究”“新材料前沿技术及科普发展战略研究”“新材料研发与产业强国战略研究”和“先进材料工程科技未来20年发展战略研究”等项目的支持。在此，我们对今年参与这项工作的专家们致以诚挚的敬意！希望我们不断总结经验，不断提升战略研究水平，更加有力地为中国新材料发展做好战略保障与支持。

本期四部报告可以服务于我国广大材料科技工作者、工程技术人员、青年学生、政府相关部门人员，对于图书中存在的不足之处，望社会各界人士不吝批评指正，我们期望每年为读者提供内容更加充实、新颖的高质量、高水平专业图书。

李元元

二〇二三年十二月

前言

新材料是新兴产业的技术先导，高新技术、高端制造和重大工程高质量发展都需要新材料的率先突破。新材料科学技术的普及关系到新理论、新概念、新知识、新技术与国民经济的融合效率。近些年，在我国经济高质量发展和产业转型升级的大背景下，在社会经济对高技术含量材料的巨大需求的牵引和材料技术、信息技术、人工智能等领域学科交叉融合的推动下，不断涌现出各种高性能化、高功能化和功能复合化的前沿新材料，这些新材料不断涌现的速度远远超过了科技工作者对新材料的认知速度，将这些新材料及时地推向新兴产业界，将对我国科技强国战略产生极大的推动作用。因此，加快新材料科技普及对社会的全面发展十分必要。

《中国新材料科学普及报告（2023）——走近前沿新材料5》（以下简称《报告》）系列科普读物是由中国材料研究学会积极响应国家战略部署要求，围绕新材料领域不断涌现出的新理论、新概念、新知识和新技术，通过深入浅出的语言讲述前沿新材料的科学知识和科技创新成果故事，旨在强化提升工程技术人员、科技工作者、政府决策人员、青年学生等群体对新材料的认知速度和水平，为科技进步和社会发展注入新动力，促使新材料更好的服务于我们的社会经济发展。

本期《报告》是每年出版的新材料科学普及系列报告的第5部，各篇独立成章，主要涉及关键战略金属铟、有机长余辉发光材料、驭光魔力的超构表面、沸石分子筛、手性碳点、热隐身材料、电子纸、脑机接口电极、软体机器人、3D打印用墨水、液体弹珠、食用色素等。

《报告》集合了活跃在新材料研究、制造、应用等领域的优秀的科学工作者和科普专家的智慧。感谢各位作者分享他们在新材料领域的知识和成果，让我们有机会走近前沿新材料，从而加深对它们的认知。由于创作时间紧，书中还存在诸多不足之处，敬请各位读者谅解，同时我代表编委会呼吁更多的科技工作者参与到材料科普工作中来，为读者奉献出更加精彩的作品。

特别感谢参与本书编写的所有作者：

- 铟的魅力　王今朝　侯文达　徐　净　赵太平
- 有机夜明珠：长余辉材料　陈润锋
- 驭光魔力表面　《中国激光》杂志社
- 沸石　薛　斌
- 手性碳点　莫尊理　李世晶
- 热隐身材料　复旦大学物理学系统计物理与复杂系统课题组
- 电子纸　陈旺桥　周国富
- 脑机接口电极　李传福　卢　曦　熊　伟　付　杰
- 软体机器人　曲钧天　毛百进　向喻遥岑　钱献宽
- 3D打印用墨水　孙江涛　范志永　冯琨皓　衡玉花　魏青松
- 液体弹珠　罗新杰　冯玉军
- 食用色素　景一丹　张效敏

希望本书的出版能够为有关部门的管理人员、从事新材料科技工作者、产业技术开发人员、科普人员以及其他相关人员提供有价值的参考。

谢建新

二〇二三年十二月

目录

第1章 铟的魅力

王今朝　侯文达　徐　净　赵太平

铟，是一种“战略性关键金属”，在众多现代科技产品中扮演着重要角色，支撑着我们的日常生活，如手机屏和液晶显示器等，对国家安全和科技发展均具有重要意义。这不禁引起人们的好奇：这是一种什么元素？它为什么可以如此广泛地应用于多种金属材料，并被称为“战略性关键金属”。每当我们滑动触摸屏，或沉浸于高清显示的视觉盛宴时，铟究竟发挥了什么作用？下面，就让我们来揭开金属铟的神秘面纱。

1.1 铟的基本性质

铟（In），原子序数为49，属于周期表的ⅢA族成员，介于镓（Ga）和铊（Tl）之间，是一种光泽醒目的银白色金属。

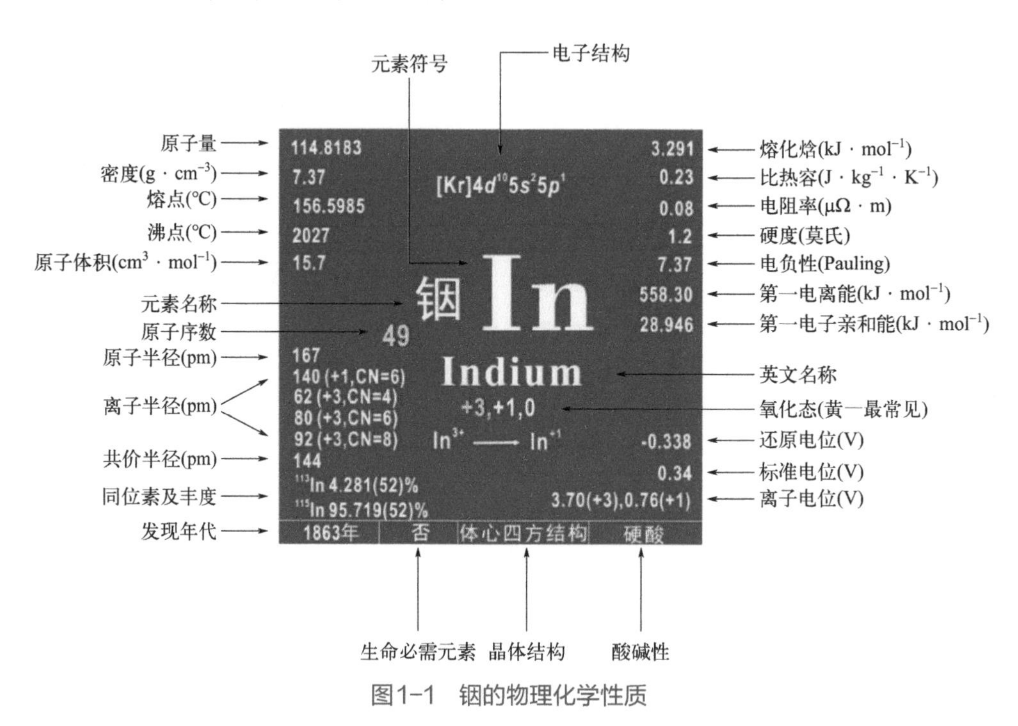

图1-1 铟的物理化学性质

1.1.1 物理性质

铟的延展性极佳，在常温下就可以轻易地被拉成细丝或箔。它的硬度较低，可以用指甲轻松划出划痕。它的密度约为7.37 g/cm^3，比水重但比大多数其他金属都要轻。铟的熔点较低（156.60℃），沸点却高达2027℃。它的导电性能良好，电阻率低于铜，在电子领域是不可或缺的金属元素，是制作微波元件和高温超导材料的理想选择（图1-1）。

1.1.2 化学性质

铟的化学性质活泼，与空气中的氧气、氮气等气体反应生成相应的化合物。然而，与锡和铅等金属相比，铟在空气中更容易形成稳定的氧化膜，这使得铟具有更出色的抗腐蚀性。铟能与多种金属形成合金，如铅、锡、铁等。这些合金具有各种特殊的物理和化学性质，如高导电性、高熔点等。此外，铟还可以与氢、碳等非金属元素形成化合物。

1.2 铟的历史背景

1.2.1 发现与命名

铟的发现可以追溯到1863年，当时德国化学家Ferdinand Reich和他的助手Theodor Richter在Freiberg矿业学院正在进行锌矿石的成分研究。他们利用先进的光谱技术对矿石样品进行分析，意外地发现了一条靛青色的明线（利用光谱技术把光线照射到物质上时，物质会吸收、发射或散射光线，形成特征的光谱线）。这条线的位置与已知元素铯的两条蓝色明线不相吻合，引起了他们的极大兴趣。为了解释这一现象，Reich和Richter仔细研究了光谱线的波长和强度，并与其他已知元素进行了比较。他们得出了一个惊人的结论：这种靛青色的明线代表着一种全新的元素。

铟的命名源于其光谱线的颜色，靛青色正是它所独有的特点。因此，他们将这一新的元素命名为“indium”，源自希腊语中的“靛青”（indigo）一词。

1.2.2 早期研究进展

1867年，在法国巴黎世界博览会上，铟被首次展出。在接下来的几十年中，由于铟的存量稀少且难以提炼，它并没有受到广泛的关注，一直被认为是“实验室里的金属”[1]。直到20世纪，随着科技的进步和对特定材料需求的增长，铟才开始逐渐显露其在工业和电子领域的重要性。到20世纪30年代中期，苏联率先开始了铟的矿产勘查和生产工艺等方面的探索工作。1938年，苏联第一次在工业上规模化地生产出了金属铟。随着半导体材料的发展，铟逐渐进入大众视野，成为“科技的宠儿”。

1.3 铟的广泛应用

金属铟具有熔点低、沸点高、传导性和延展性好、可塑性强等优点，在计算机、能源、电子、通信、光电、医药、航空航天、核工业等现代工业、国防军事和尖端科技领域得到了广泛的应用。近年来，随着绿色能源和5G技术的迅速发展，特别是以CIGS（铜铟镓硒）薄膜太阳能电池、磷化铟为代表的铟半导体产量迅速增加，相关产业被誉为“信息时代的朝阳产业”[2]。铟在相关产业中的应用如下（图1-2）。

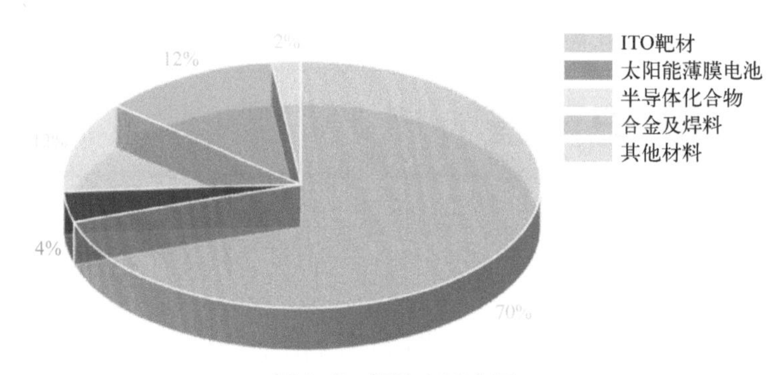

图1-2　铟的主要应用

1.3.1　ITO（铟锡氧化物）靶材

ITO靶材由90%氧化铟（In_2O_3）和10%氧化锡（SnO_2）制成，是制造显示器、触摸屏等的核心材料，因其透明、导电等特性在多领域有广泛应用。但是，相关生产技术的难度高，市场长期被日韩企业垄断。郑州大学何季麟院士团队经过多年的努力，于2018年成功攻克关键技术难题，实现ITO靶材自主研发突破。丰联科光电（洛阳）股份有限公司建成了年产66吨的生产线，产品已批量应用，迫使日本产品大幅降价，为我国电子信息工业领域提供了关键的新材料支持。这一成果为我国的科技自主创新提供了典范，证明了我国在高科技领域的自主研发能力，为我国的经济发展注入了新的活力。

1.3.2　CIGS（铜铟镓硒）太阳能薄膜电池

CIGS（铜铟镓硒）太阳能薄膜电池是太阳能领域的新秀，其核心光吸收层由Cu、In、Ga、Se组成，高效吸收太阳光并转化为电能。相比传统硅基电池，CIGS太阳能薄膜电池更高效、更灵活，能适用于各种表面。尽管制造成本较高，但随技术进步与规模化生产，其成本逐渐降低。因此，CIGS太阳能薄膜电池未来有望成为可再生能源市场的主流产品，以满足日益增长的清洁能源需求，助力可持续发展。其高效转换率、灵活性、易安装性和成本优势，将使其在太阳能市场中保持竞争力，并为我们的生活带来更多绿色清洁、可持续的能源供应。

1.3.3 半导体化合物

高纯铟用于制造化合物半导体，如锑化铟、铟砷化镓和磷化铟镓等，广泛应用于光通信和红外仪器中。锑化铟是红外探测器等的元器件的关键材料，铟砷化镓用于光通信激光器，磷化铟镓则用于发光元件。近年来，磷化铟半导体的生产迅速增长，广泛应用于射频器件、发光二极管（LED）、激光器等中。这些器件被用于新能源汽车、无人驾驶、人脸识别等领域。在5G、人工智能和绿色能源的推动下，铟的需求量预计将大幅增加[3]。

1.3.4 合金及焊料

铟和很多金属都能形成合金，因此铟又被称为合金的“维生素”。铟可以增加合金材料的强度、硬度和耐腐蚀性。例如，铟与镉、铋形成的合金可用作核反应堆吸收中子的核控制棒；铟、钙、镉等低熔点合金则可作为原子能工业中的冷却回路材料。在核反应堆中，由于铟箔对热中子的灵敏度很高，当中子通过铟箔时，会激发铟原子产生散射和特征X射线，因此，通过测量这些X射线，我们可以确定中子流的能量和通量密度等信息。此外，铟合金也可用于钎焊材料中，铟是无铅焊料中重要的添加物质。

1.3.5 其他材料

除上述用途外，铟因具有较高的耐腐蚀性和对光的反射能力，可用来制造舰船或客轮上的反射镜；其在蓄电池中用作化学添加剂，或在无汞碱性电池中用作缓蚀剂，是一种将动力电池变成绿色电池的环保型化工材料。

1.4 铟的资源现状

1.4.1 铟资源的天然禀赋

铟在地壳中含量极低（0.056×10^{-6} [4]），且极为分散，难以形成独立矿物与矿床（有用矿物在地壳中聚集形成的地质体，并且其含量达到了具有开采价值的程度），通常以类质同象的形式富集于闪锌矿中。作为伴生矿产，当铟的品位达到5～10×10^{-6}时即可综合利用[5]。在全球范围，我们可以发现富含铟的矿床分布于特定的区域，主要集中在日本、玻利维亚和中国。这些国家不仅富含铟矿，而且也是世界上主要的锡矿产地。铟主要分布在大陆板块边缘及造山带附近，与岩浆作用密切相关[1]。

中国的铟矿床主要是矽卡岩型锡多金属矿床，这些矿床大都形成于距今约几千万年以前。在我国西南地区，有三处矿集区尤为引人注目——广西的大厂、云南的都龙和个旧[6]。广西大厂具有惊人的铟储量——高达8775t，云南的都龙和个旧分别坐拥7000t和超过4000t的丰厚铟资源。每一个矿集区的储量都远远超出了定义大型铟矿床的500t的标准，使中国在这一关键金属领域中独占鳌头！

值得一提的是澳大利亚、俄罗斯和加拿大等国也拥有大量的大型至超大型铅锌矿床，尽管这些矿床大多与沉积作用相关，与岩浆活动无明显的成因联系。在这类铅锌矿中，闪锌矿中的铟含量很低，通常低于10×10^{-6}[7]，但由于其巨大的铅锌和铟储量，在未来随着选冶技术的发展，可能也是一种重要的铟资源[8]。

1.4.2 铟的富集成矿过程

由于铟在地壳中的丰度极低，其要想富集成矿并能够被开发利用，则需要达到百倍甚至千倍的富集，这种现象被称为“关键金属”的超常富集[9]。以往的铟矿勘查和理论研究表明，铟在地壳中的富集多与花岗质岩浆活动关系密切[10]。地壳深部的富铟物质熔融提供了物质来源，其形成的含铟岩浆在岩浆房（库）中经过结晶分异作用后向上运移至地壳浅部形成与铟矿相关的岩浆岩。这些岩浆岩在进一步的冷却过程中，含铟流体在特定的环境中聚集成矿（图1-3）。当铟在含铟流体中沉淀时，由于四次配位的In^{3+}离子与贱金属硫化物中的四次配位金属离子相似，会大量替代进入硫化物，如闪锌矿、黄铜矿、黄锡矿等。其中，闪锌矿是最主要的载铟矿物，其中的铟占据全球铟总量的95%[8]。铟主要以类质同象的形式进入闪锌矿，随机取代了闪锌矿中的锌[11]。此外，在极少数条件下，也能形成铟的独立矿物，如硫铟铜矿、硫铟银矿、硫锡锌铜矿、樱井矿等[12]。

1.4.3 铟资源的回收利用

铟的应用广泛，随着含铟产品的报废，会产生大量的含铟废料。因此，如何从这些废料中既环保又经济地回收铟，已经成为一个重要的研究课题。下文我们将从废ITO靶材、合金废料和半导体废料三个方面，详细介绍铟的回收方法及其原理。

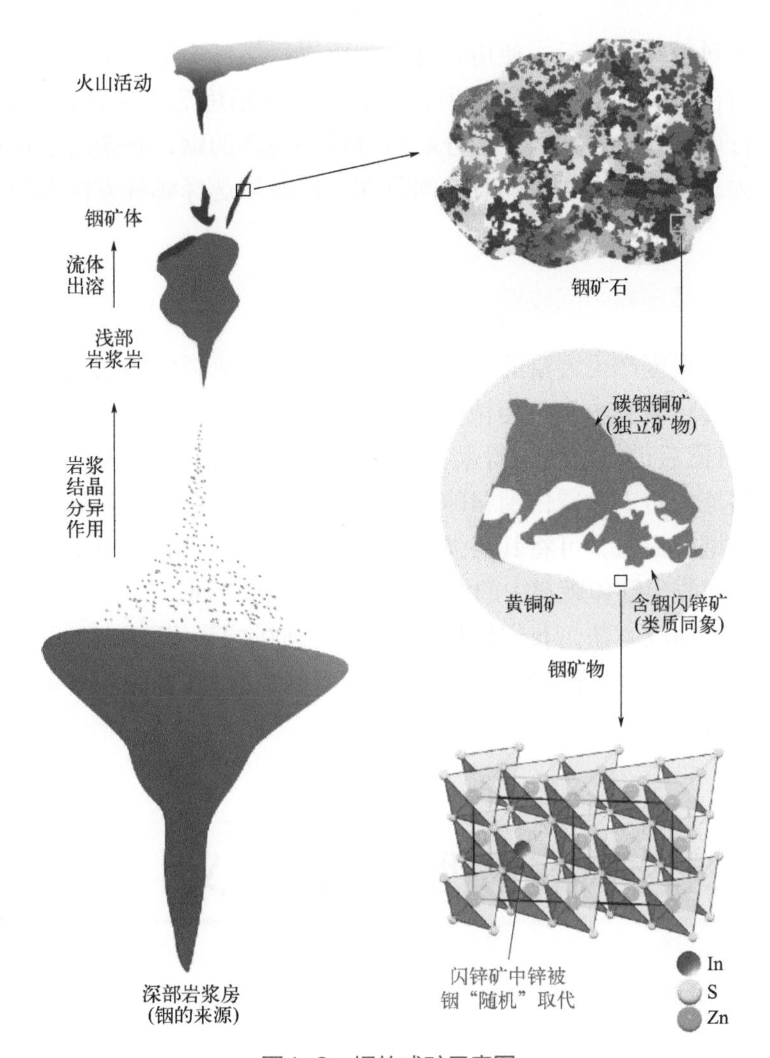

图1-3 铟的成矿示意图

（1）从废ITO靶材中回收铟

ITO靶材是铟的重要应用领域。ITO靶材在直流磁控溅射镀膜时的利用率低，大部分只能作为废靶材，故废靶材中铟的回收利用尤为重要。从废ITO靶材中提取铟的工艺流程包括浸出、中和、两段置换和熔铸等步骤：使用盐酸（HCl）浸出废靶材，加入烧碱（NaOH）和双氧水（H_2O_2）进行中和，再加入两次铝片进行置换，最后通过熔铸得到粗铟（低纯度铟）。这种方法的回收率高达94.60%，粗铟品位可达97.93%，因此，从废ITO靶材中提取铟的回收利用具有重要意义[13]。

（2）从合金废料中回收铟

从合金废料中回收铟的主要方法有两种，即熔盐电解法和汞齐精炼法。熔盐电解法需要将废料粉碎压块后，使用特殊电解质进行熔盐电解，铟会被转移到熔盐体中，再经过浸出、沉淀等步骤得到所需的铟。汞齐精炼法则是将合金废料作阳极，汞作阴极进行电解，生成的汞齐经分解后可得到纯净的铟，剩余的汞可通过真空加热或电解除去。这两种方法都能有效回收铟，但具体选择哪种方法取决于废料成分和回收要求。

（3）从半导体废料中回收铟

半导体器件报废产生大量的含铟废料，回收这些废料中的铟十分有意义。回收步骤包括将半导体废料分类，用浓盐酸处理溶解铟，稀释溶液后通入H_2S沉淀其他金属，调整pH值后进行电解制得汞齐，冲洗后放入NaCl溶液中分解得到铟，最后用氢气还原熔炼。对于含磷化铟和砷化铟的废料，可采用真空热处理或氯化精馏提纯。对于磷化铟的提取，可将其与强碱再熔炼分解，使金属铟聚于槽底。通过这些步骤，可有效回收半导体废料中的铟及其他有价值的金属。

通过上述的回收方法，我们能从铟的废料中回收铟，既减少了资源浪费，又保护了环境。进一步研究和改进这些方法，提高回收效率和资源利用率，对可持续发展至关重要。

1.5 全球化背景下铟的战略意义

中国在全球铟的供应和产业链中扮演着极其关键的角色。根据Werner等人2017年的研究，中国拥有全球18.2%的铟资源，并且是全球最大的铟生产国，其产量占全球总产量的44%以上。中国不仅在国际铟市场中占据了主导地位，近年来也是美国和欧盟国家铟资源的主要供应国。

在全球经济融合的背景下，铟的供应稳定性对于推动技术革新和保障国家安全具有不可估量的影响。铟资源的全球分布呈现出极高的集中性，这让铟产国在国际市场上占据了至关重要的地位，其价格和供应状况往往随着国际政治和经济形势的变化而波动。因此，保障铟资源的稳定供应至关重要。这不仅是一个商业问题，更是一个涉及全球经济安全和持续发展的战略议题。

在国际贸易领域，铟作为战略金属的重要性不言而喻。贸易政策，如关税和出口配额等，对资源流向的控制及生产国经济利益的维护起着决定性作用，并可能赋予生产国更大的定价权和市场影响力。国际组织和跨国合作在保证铟供应稳定性中扮演着关键角色。随着绿色能源和新兴技术对铟需求的增长，供应的稳定性面临新的挑战，这需要通过强化国际合作、构建储备机制和完善回收网络等策略来应对，这些对全球经济的稳健与可持续发展有着不容忽视的影响。

综上所述，铟的战略价值在于其在国际商贸和全球供应链中不可或缺的角色。随着技术的不断进步和全球市场的进一步融合，铟供应的稳定性成为了关乎全球经济健康和国家战略布局的核心议题。

1.6 铟产业链的前景展望

在全球一体化的今天，铟作为一种不可或缺的基础工业材料，已经成为国际竞争和科技发展的重要推动力。它不仅是国民经济建设的基石，更是保障社会经济和国家安全的关键因素。由于其广泛应用于航空航天、军事装备、电子通信以及清洁能源等多个高精尖领域，各国纷纷视之为21世纪的核心战略性资源，不断加强对其的研发和利用。因此，我们应该“铟”势利导，加强以下几个方面的研究。

① 深入地质秘境，探寻铟的源头宝藏。开展全面系统的地质调查，揭示铟资源的分布与富集规律；通过先进的地质勘查技术，发现新的铟矿床，为铟产业的可持续发展提供源源不断的资源支持。

② 研发再生铟，实现资源循环利用。致力于攻关废靶材中铟的回收技术，提高铟资源的回收利用率。通过创新技术和工艺流程，将废弃物料转化为再生铟，减少对新资源的需求，同时减轻对环境的压力。

③ 破解铟赋存密码，提升选冶水平。加强铟的赋存状态研究，深入了解其在矿石中的赋存特征和分布规律；改进选冶技术，提高铟的选冶率和提取效率，最大限度地发挥资源的潜力。

④ 突破制造技术瓶颈，铸就铟产业辉煌。瞄准铟产品深加工的关键技术难题，加大科研力度和投入，实现核心技术的自主创新；通过不断突破技术壁垒，提升我国在高端、精密、尖端领域的核心竞争力，为国家战略需求提供有力支撑。

⑤ 引领全球铟产业协同发展，积极参与国际交流与合作，推动全球铟产业的协同发展。加强与其他国家的资源共享和技术合作，共同应对全球铟市场的挑战与机遇；通过构建良好的国际合作关系，促进我国铟产业的健康、稳定和可持续发展。

参考文献

参考文献

Approaching Frontiers of New Materials

第 2 章

有机夜明珠：长余辉材料

陈润锋

长余辉材料是指在室温条件下撤去外界的激发光源后仍然能够持续发光的一类材料，俗称夜光材料或蓄光型发光材料。由于能够在黑暗环境中发光，在古代常常被人们称为夜明珠。夜明珠自古以来就饱受青睐，史籍中记载炎帝时就已发现。长余辉材料在弱光照明、应急指示、信息存储和显示、节能建筑、智能交通等领域有着广阔的应用前景。尽管人们使用这类材料已有千年之久，但是直到1866年才由法国的Sidot等人首次人工制备出基于ZnS ∶ Cu的无机长余辉材料，开启了人工制备和研究这类材料的大门，并且在20世纪才对其内在的发光机理有了进一步的理解和突破。利用发光机理的突破，科研工作者们制备出了发光颜色更多、持续时间更长和发光亮度更高的无机长余辉材料，并成功地将其应用于应急照明、交通标志、室内装饰等领域中，创造出巨大的经济效益（图2-1）。

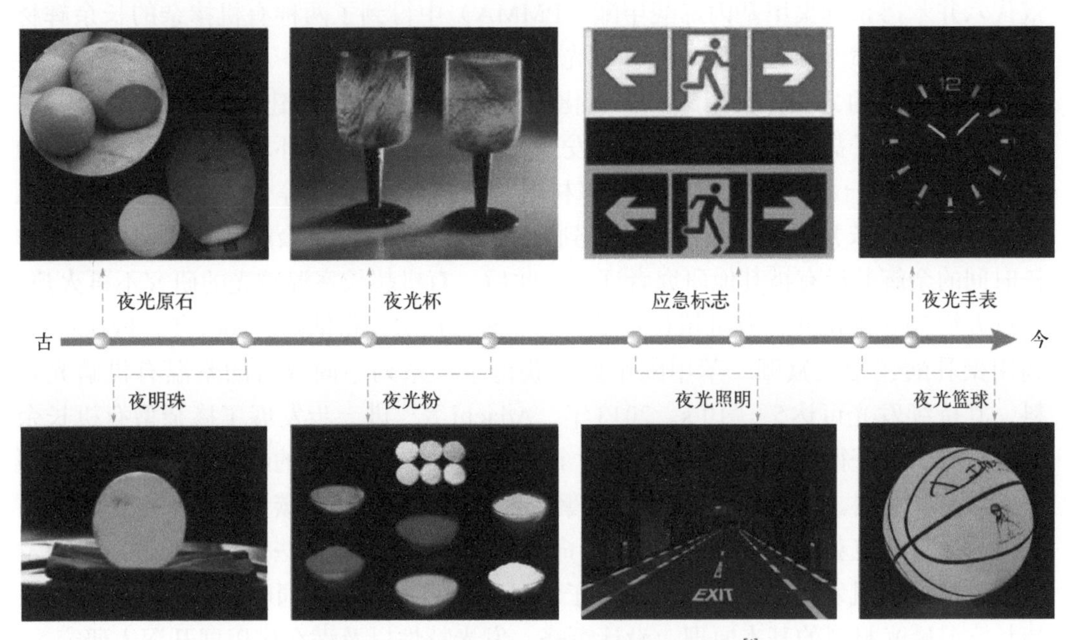

图2-1 长余辉材料在日常生活中的应用[1]

有机材料相比于无机材料具有本征柔性、分子结构高度可修饰、材料类型多种多样、发光颜色可根据修饰基团调节等诸多优点。但是，要使得有机材料发出长余辉并不是容易的事情。众所周知，有机分子从光激发态的辐射跃迁通常只产生荧光、磷光和延迟荧光，并不适合产生长余辉。有机分子具有长寿命发光特性的通常是磷光，大多数持续不到1 s，最长也不过几分钟，这无法与无机长余辉发光体的长寿命发光相提并论。科学家对此进行了深入的探索，提出了通过稳定三线态实现超长室温磷光、促进电荷分离再复合发光、化学键断裂发光等策略。目前，有的有机长余辉材料的发光效率已经接近100%，持续时间超过5000 s。总之，有机长余辉材料不需要使用稀有元素，易于制造和处理，大大降低了制造成本，有望在纤维、玻璃、大面积柔性涂料上开创新的应用，从而在信息处理、新能源、生物成像技术和宇宙尖端科技领域发挥重要的作用。此外，对该体系中长寿命激发态、电荷分离态等的研究也能促进人们对各种有机半导体器件以及人工光合成有更好的理解。

2.1 有机长余辉材料的发展历程

20世纪30年代，Clapp等[2]就在四苯基甲烷和四苯基硅烷晶体中观察到蓝绿色的有机长余辉发光，在室温下持续时间为23 s，并推测晶体中的微量杂质是产生有机长余辉的主要原因。1967年，Kropp和Dawson等[3]利用共掺的方法将六并苯和氘代六并苯掺杂到聚甲基丙烯酸甲酯（PMMA）中得到了两种有机掺杂的长余辉材料，激发态寿命（简称寿命，或称发光时间）分别达到了2～23 s。时隔十年，科学家采用类似的方法，利用纸、二氧化硅以及氧化铝基底构建刚性环境吸附羧酸、磺酸、醇及离子盐，同时减少三重激发态非辐射跃迁和外界环境氧对三线态激子的猝灭，获得了一系列有机掺杂长余辉材料。1978年，Bilen等[4]报道了在咔唑、二苯并噻吩及二苯并呋喃等晶体中观察到长达4.85 s的有机长余辉发光。然而，这样长时间的余辉并没有被其他研究者证实。此后，有机超长室温磷光的研究不再火热。经过大约30年的沉寂，有机超长室温磷光的研究再次变得活跃。2007年，Fraser等[5]利用聚乳酸包覆二氟硼二苯甲酰甲烷，获得了一系列不同寻常的室温有机磷光材料，其持续发光可达5～10 s。2013年，Adachi等[6]进一步发展了掺杂型有机长余辉材料体系，获得了一系列寿命大于1 s，量子效率大于10%的红、绿、蓝高效的超长室温磷光材料。同年，Wang等利用聚乙烯醇（PVA）掺杂碳量子点的水溶性超长室温磷光材料也获得了长达0.38 s的寿命（发光时间）[7]。这些具有里程碑意义的发现使我们对有机发光材料和有机光电子学又有了新的认识，同时激发了人们对有机超长室温磷光材料的基本原理、设计策略、发光特性以及潜在应用展开深入研究。

2015年，南京邮电大学有机电子与信息显示国家重点实验室、南京邮电大学材料科学与工程学院黄维院士、陈润锋教授领衔的IAM团队[8]在合成的单一有机晶体材料中成功观察到长余辉现象，研制出纯有机的“夜明珠”，相关成果在国际顶级学术期刊《自然·材料》(*Nature Materials*）上发表，引起了业界广泛关注（图2-2)。该团队对纯有机材料激发态寿命的调控无需使用任何贵金属和其他重元素，发现引入特殊的分子堆积方式（H-聚集）对实现有机超长室温磷光现象具有重要作用；在此基础上，该团队成功实现了有机超长室温磷光发光颜色从绿色到红色的大范围可调，并将发光持续时间延长至56 s。有机室温磷光材料具有较长三线态寿命、长距离激子迁移、无金属、易修饰、可溶液加工等优点，在显示、照明、光催化、防伪与加密、分子传感和生物成像等领域具有广阔的应用前景，已成为当前的研究热点。在中国科学院、科技战略咨询研究院、科睿唯安等联合公布的《研究前沿》

中，有机室温磷光材料连续两年被列为“化学与材料学领域十大热点前沿”，并在2020年入选“重点热点前沿”。值得注意的是，有机室温磷光材料领域，中国科学家对核心论文的贡献占比高达90.9%，对施引论文贡献占比达到71.3%，双双排名全球第一。

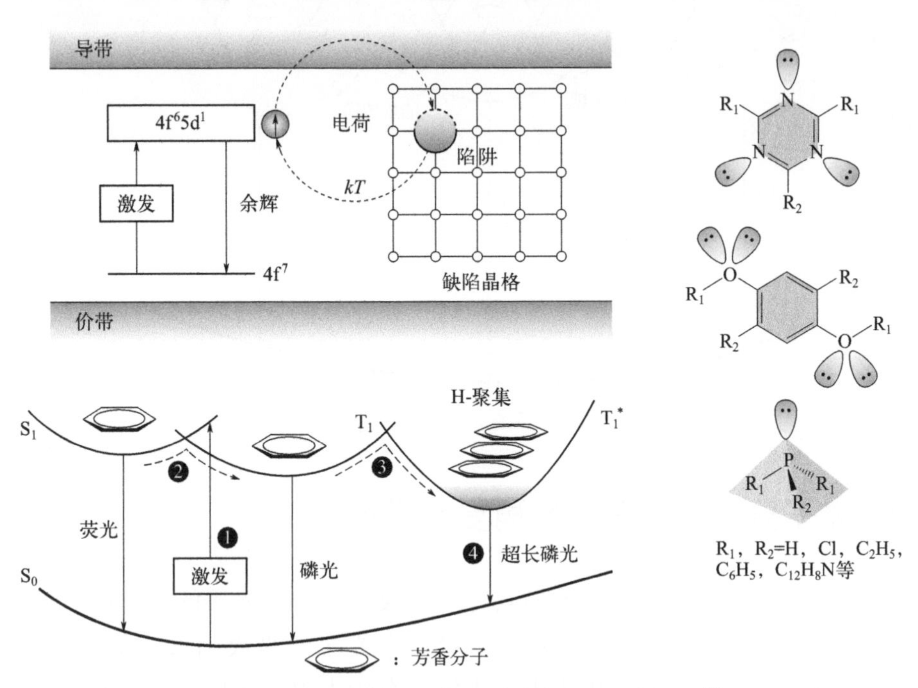

图2-2 有机超长室温磷光机制实现有机长余辉[8]

2.2 有机长余辉材料的发光原理

有机长余辉材料的发光机理，可以分为四类：有机超长室温磷光，激子分离、电荷迁移再复合，化学键氧化发光和杂质发光等。

2.2.1 有机超长室温磷光机理

有机长余辉是源于超长的室温磷光发射所致，其过程一般认为是：首先，有机分子受激发后从基态（S_0）跃迁到最低单线态（S_1）形成激子；然后，S_1激子通过有效的系间窜越（ISC）过程转变为最低三线态（T_1）激子；接着，分子聚集结构俘获T_1态激子并在分子间聚集作用下获得稳定；最后，被俘获的T_1激子缓慢释放回到S_0态，发出超长室温磷光（图2-3）。由于这一过程需要克服跃迁禁阻，磷光辐射跃迁速率非常慢；另外，聚集态对激子的稳定作用使得激子振动、转动等受到抑制，非辐射跃迁也比较慢，因此激子需要很长的时间来完成这个过程，故而出现有机长余辉现象[9]。

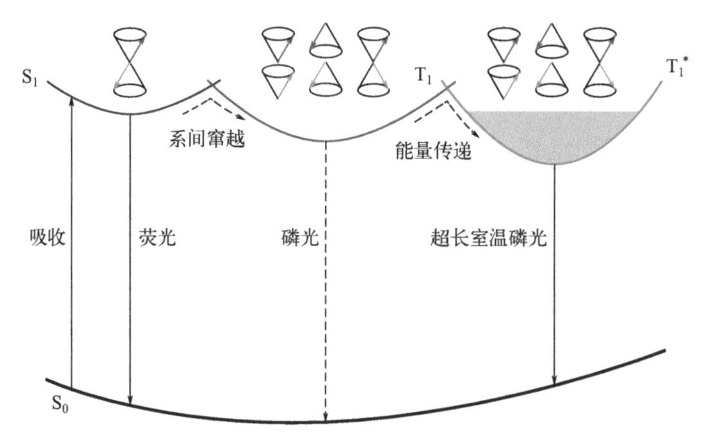

图2-3 实现有机超长室温磷光长余辉的光物理过程[9]

2.2.2 激子分离、电荷迁移再复合机理

有机分子可以发生光电离，比如双光子吸收，第一个光子的吸收产生了一个激发态（一般是一个三线态或者单线态），第二个光子的吸收则形成了一个电离态，它的能量超过了电离势；既有供［电子］体又有受［电子］体的有机分子，甚至在弱的光辐射下也能形成电荷分离态，一个电子被光照激发，从供体的最高占据分子轨道（HOMO）跃迁到最低未被占有分子轨道（LUMO）后，这个电子又从供体的LUMO转移到受体的LUMO形成电荷转移态，最终分裂成电荷分离态。值得注意的是，电荷复合过程将产生75%的三线态激子。

Adachi等人[10]证明了室温下由N，N，N'，N'-四甲基联苯胺（TMB）电子供体和2,8-双（二苯基磷酰基）二苯并[*b*，*d*]噻吩（PPF）作为主体的受体分子形成掺杂膜而产生高效的激基复合物有机长余辉发光（图2-4）。在紫外光激发下，电子从供体的HOMO跃迁到受体的HOMO，从而导致电荷转移状态的形成；随后，所形成的供体的自由基阴离子通过电子在受体分子之间的跳跃而扩散，从而在自由基阳离子与自由基阴离子间形成稳定的电荷分离状态；之后，自由基阴离子将与自由基阳离子重新结合，使受体的LUMO中的电子返回供体的HOMO，最终实现持久的长余辉发射。该体系发光时间长，余辉较弱，衰减曲线也区别于一般的余辉材料，为幂指数衰减。

2.2.3 化学键氧化发光机理

化学发光是材料在进行化学反应过程中伴随的一种发光现象，可以分为直接发

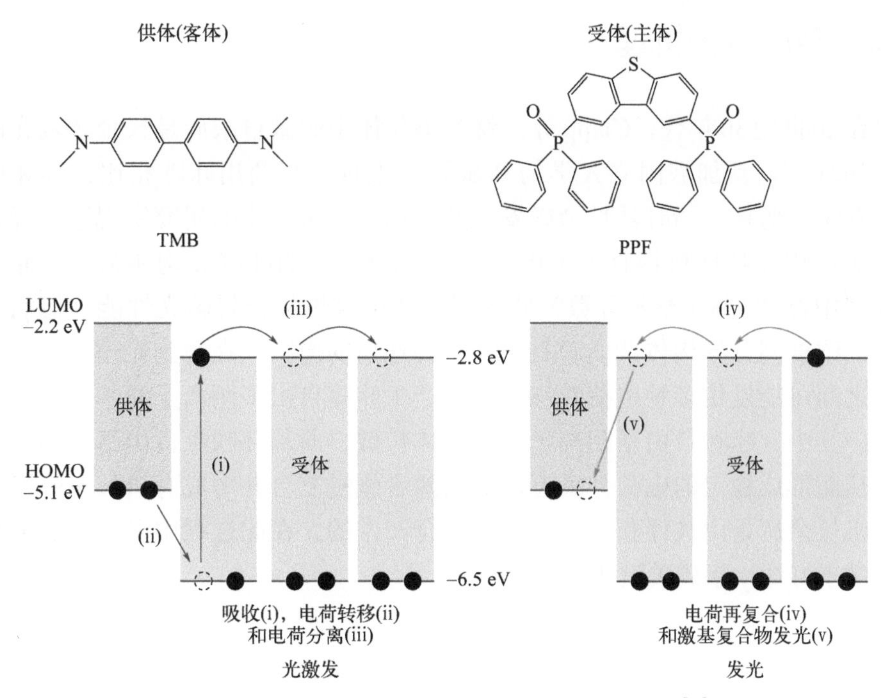

图2-4 电荷分离再复合型有机长余辉发光机制[10]

光和间接发光。一个化学反应要产生化学发光现象，必须满足以下条件：

① 该反应必须提供足够的激发能，并由某一步骤单独提供，因为前一步反应释放的能量将因振动弛豫而不能发光；

② 要有有利的反应过程，使化学反应的能量至少能被一种物质所接受并生成激发态；

③ 激发态分子必须具有一定的化学发光量子效率来释放出光子，或者能够转移它的能量给另一个分子使之进入激发态并释放出光子。

新加坡南洋理工大学的浦侃裔等[11]发现一些光活性半导体共轭聚合物纳米材料中的双键可以被光照后产生的单线态氧氧化成二氧环丁烷，该结构使得聚合物断裂，同时释放出的化学能使得共轭聚合物发光（图2-5），该类长余辉发光虽然比较弱，但是持续时间很长，同时也可以被超声等手段触发，获得超声诱导的有机长余辉。

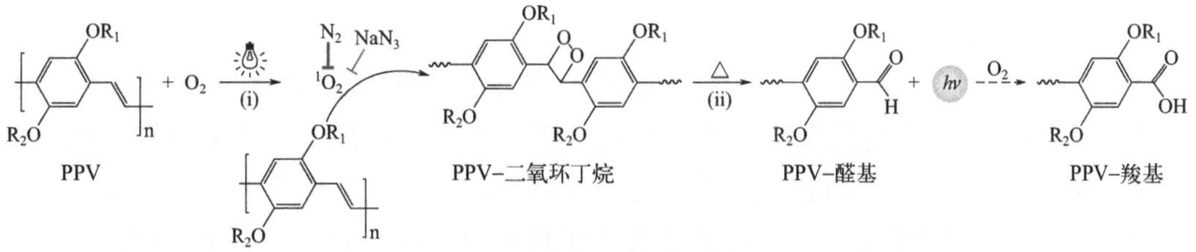

图2-5 化学发光型有机长余辉[11]

2.2.4 杂质发光机理

早在20世纪30年代，Clapp等人就推测晶体中的微量杂质是长余辉发光的重要原因。2021年，新加坡国立大学的刘斌等[12]发现，与商用咔唑相比，高纯度咔唑的荧光发生了蓝移，同时其长余辉发光几乎消失，进一步的研究发现这一异常现象主要源于商用咔唑材料具有少于0.5%（摩尔分数）的咔唑异构体杂质。通过在高纯度咔唑中掺杂1%（摩尔分数）咔唑异构体能够恢复材料磷光性能。他们系统地分析了低浓度同分异构体杂质对有机长余辉性质的影响，在受到光激发后苯并吲哚和咔唑之间可能发生多种电荷转移，从而产生咔唑自由基阴离子和苯并吲哚自由基阳离子。其中，咔唑自由基阴离子通过晶体扩散，而苯并吲哚自由基阳离子被缺陷捕获，从而形成稳定的电荷分离态。随后两者缓慢复合并形成有机长余辉发光。因此，有机长余辉是由被俘获的电荷逐渐复合产生的，在此过程中激子的扩散与俘获在延长激子寿命中起到关键作用（图2-6）。

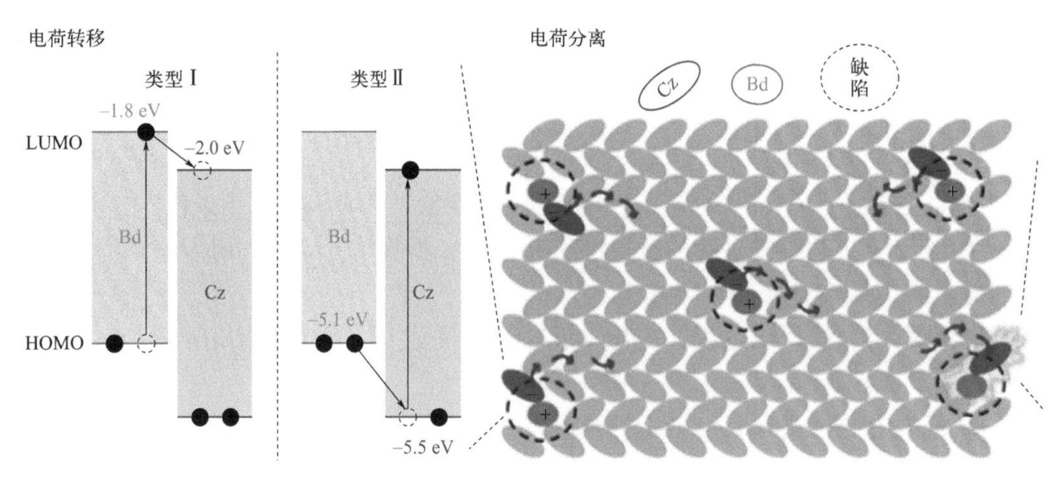

图2-6 有机长余辉的杂质发光机制[12]

2.3 有机长余辉材料的分类

目前有机长余辉材料多种多样，按照材料组分的不同可分为单组分小分子体系、多组分主客体系统、聚合物、簇类、金属有机框架、碳点、钙钛矿等（图2-7）。各类材料要实现长余辉发光，在设计策略上都要遵循上一节的四种有机长余辉材料的发光机理，比如超长室温磷光机理就要求一定满足两个要点：一是通过各种手段促进系间窜越过程，尽可能高效地获得多的三线态激子；二是能够稳定三线态激子，抑制非辐射跃迁，延长激发态寿命。

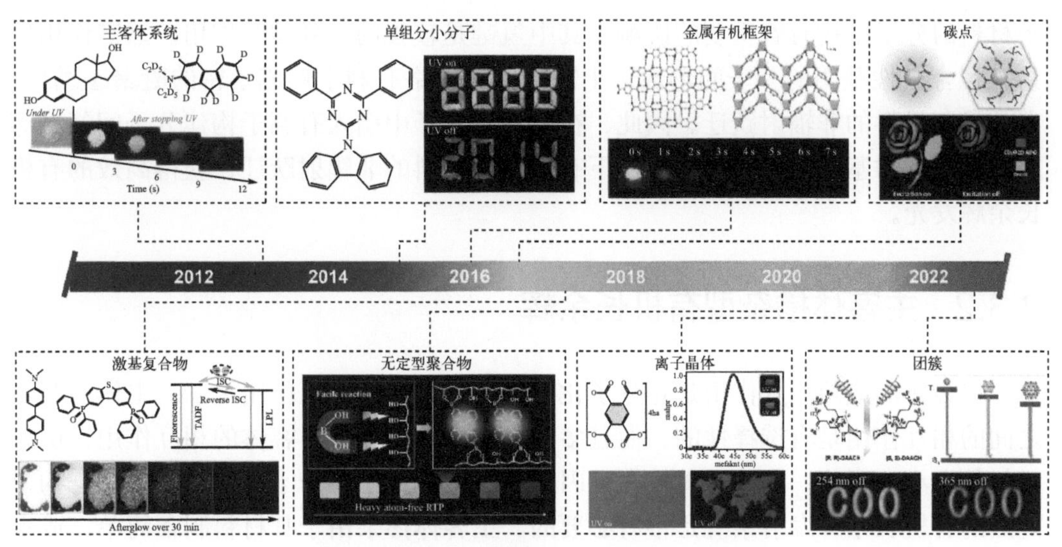

图2-7　有机超长室温磷光材料的分类[13]

2.3.1　单组分小分子体系有机超长室温磷光材料

有机小分子主要通过超长室温磷光机理实现长余辉[9]，因此在设计单组分纯有机超长室温磷光材料时，应当具备两个关键的前提条件：

① 引入含有孤对电子的杂原子（如O、N、P、S等）和重原子，以促进自旋轨道耦合，从而实现单线态激子到三线态的系间窜越过程；

② 选择适当的取代基促进形成特殊的聚集结构，从而进一步捕获和稳定所产生的三线态激子。

值得注意的是，H-聚集体中两个平行堆积的分子之间通过强烈的偶极相互作用形成能级劈裂且最低能级成为跃迁禁阻能级，可以稳定三线态激子，从而在室温下有效地、显著地延长三线态激发态的发光时间。

目前报道的有机单组分超长室温磷光分子主要基于以下基团：咔唑、羰基、砜基、硼、硅、三嗪、磷、重原子、羧酸、氰基等多种杂原子基团。根据EI-Sayed规则，如果S_1和T_1具有不同的跃迁组分，即其中一个以(n, π^*)为主，另一个以(π, π^*)为主，系间窜跃过程会大大加快（约100倍），因此在共轭体系中引入含n电子的杂原子能够有效增强系间窜跃过程。重原子的引入会导致荧光猝灭，这是因为重原子的核电荷数大，显著增强了系间窜跃过程，导致单线态激子通过系间窜跃转移到暗态的三线态，并通过非辐射跃迁失活。而对于有机长余辉材料来说，三线态是亮态，重原子的引入能够有效增加三线态激子的积累。有机体系中最常见且最易引入的重原子就是溴等卤素原子，除了分子内的重原子效应，外部重原子效应同样能够增强系间窜跃过程，因此针对卤素原子对长余辉性质的影响有广泛的研究。

在有机固体材料中，除了化学键以外还存在着多种非键相互作用，这些作用对于材料的分子结构有着重要的影响，其中氢键是较强的一种相互作用。氢键作用较易在包含极性基团的分子间形成，丰富的氢键网络有利于形成紧密的凝聚态结构，有效抑制材料的非辐射跃迁。因此，在有机小分子中引入有利于构建分子间氢键等弱相互作用的基团，可在固体条件下有效抑制材料的非辐射跃迁，获得高效的有机长余辉发光。

2.3.2 主客体掺杂型有机长余辉

主客体形成的相互作用是超分子化学领域的非共价相互作用之一。主体与客体之间的相互作用是有选择性的，而且多种因素会限制主体对客体的相互作用，例如材料的大小、形状、电荷、极性等，因此选择合适的主体分子和客体分子对于构建高效的有机长余辉发射系统是很有必要的。主客体掺杂由于其材料制备简单、成本低、分子结构资源丰富、可调控的性质多样，特别是可以有效运用多种实现有机长余辉的机理，从而引起了广泛的关注。

图2-8展现了基于主客体掺杂的超长室温磷光材料的发展历程[14]。目前已知的最早的主客体超长室温磷光材料可以追溯到1967年，由Kropp和Dawson通过在聚甲基丙烯酸甲酯基质中掺杂coronene衍生物而实现[3]。2013年，Hirata等[6]首次构建了一系列主客体超长室温磷光材料，这些材料呈现出从深蓝色到红色的多彩发射，寿命大于1 s。2017年，Adachi和Kabe[10]在激基复合物系统中观察到长达数小时的超长室温磷光发射。在2019年，唐本忠院士等[15]实现了团簇的超长室温磷光发射。此外，Zhao及其同事[16]还报道了许多具有激发波长依赖性的多彩超长室温磷光材料。在2019年，主客体络合物的超分子组装被证明是能够实现高效的超长室温磷光发射的良好方法，其磷光量子产率高达81.2%。最近，我们课题组通过客体敏化和基质刚性化方法制备了一系列高效的深蓝色超长室温磷光材料。而Liu及其同事[17]则在以葫芦脲为主体的超长室温磷光主客体材料方面取得了显著进展，实现了高达99.4%的磷光量子产率，这也是目前有关超长室温磷量子产率报道的最高值。

2.3.3 聚合物有机长余辉材料

高分子聚合物材料具有良好的柔性和可加工性等优点，有效地避免了小分子晶体稳定性和可加工性差的问题。然而高分子的柔性结构不利于形成刚性环境，外部环境中氧气和水等容易对三线态激子产生猝灭等问题。目前，高分子材料主要通过以下策略实现有机长余辉发光[18]:

① 在高分子基质中引入杂原子（N、O、S等）或者重原子（Br等），提高材料自旋轨道耦合作用，增强激子系间窜越能力；

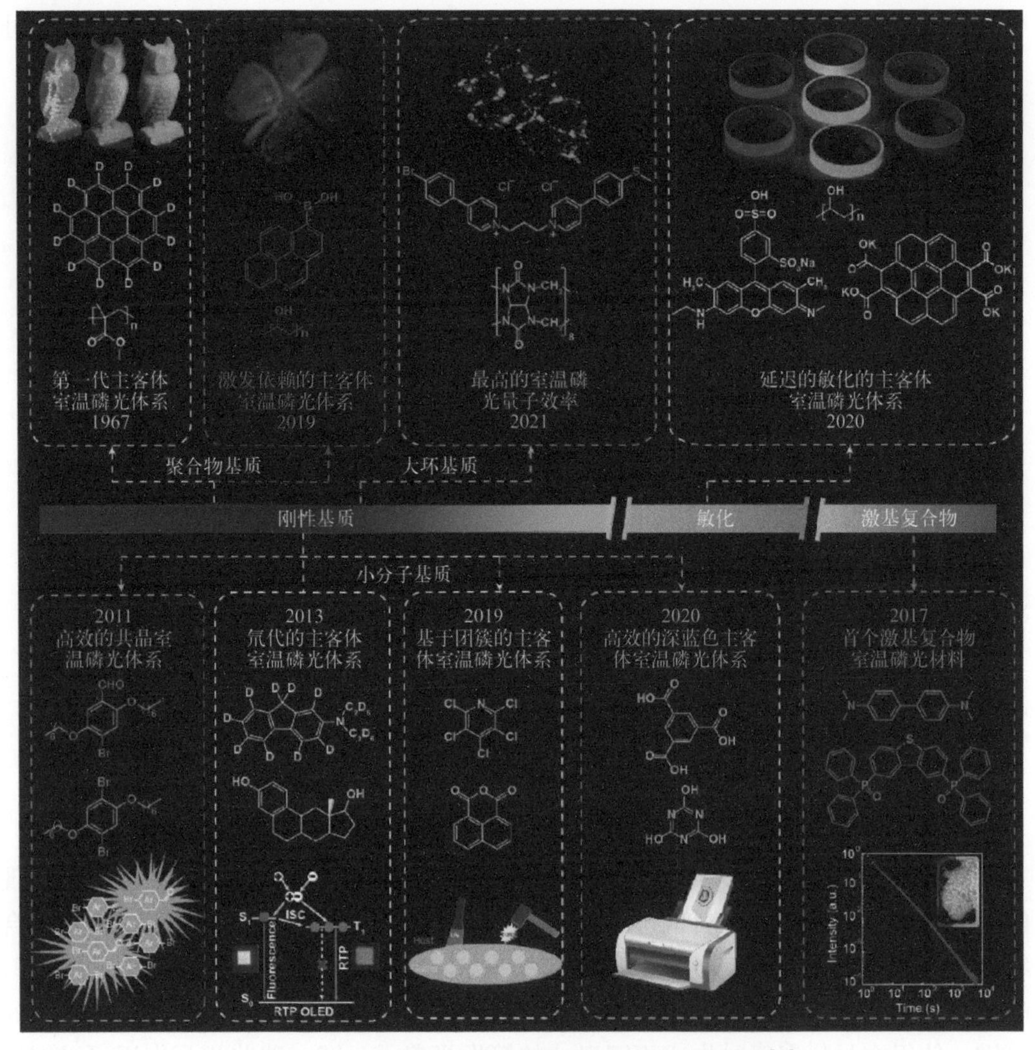

图2-8 主客体掺杂超长室温磷光材料的发展历程[14]

② 利用高分子基质中分子内和分子间的相互作用（范德华力、氢键、卤键、离子键等）为发光基团构建刚性环境，抑制发光基团运动，从而降低三线态激子的非辐射跃迁和猝灭，因而高分子基质中需要引入大量羰基、羧基、羟基、氨基等基团才会获得高效的有机长余辉。图2-9为聚合物长余辉材料的发展历程。

制备高分子长余辉发光材料主要通过两种方法：

① 化学合成，即利用化学键将磷光基团连接到高分子基质的主链或者侧链，抑制发色基团运动，或者通过制备单体以共聚的方式引入磷光基团。

② 物理掺杂，即直接将磷光基团以混合的方式掺入高分子基质，该方法简单易操作，且发色基团和高分子基质掺杂比例可调，并且材料的余辉颜色可以通过改变或者修饰发色基团单体而改变，余辉颜色可覆盖整个可见光波长。

需要指出的是，物理掺杂型主客体有机长余辉体系的稳定性往往不及通过化学合成法制备的主客体有机长余辉材料，因为主体和客体分子间的化学键可有效防止主体和客体材料的相分离等。

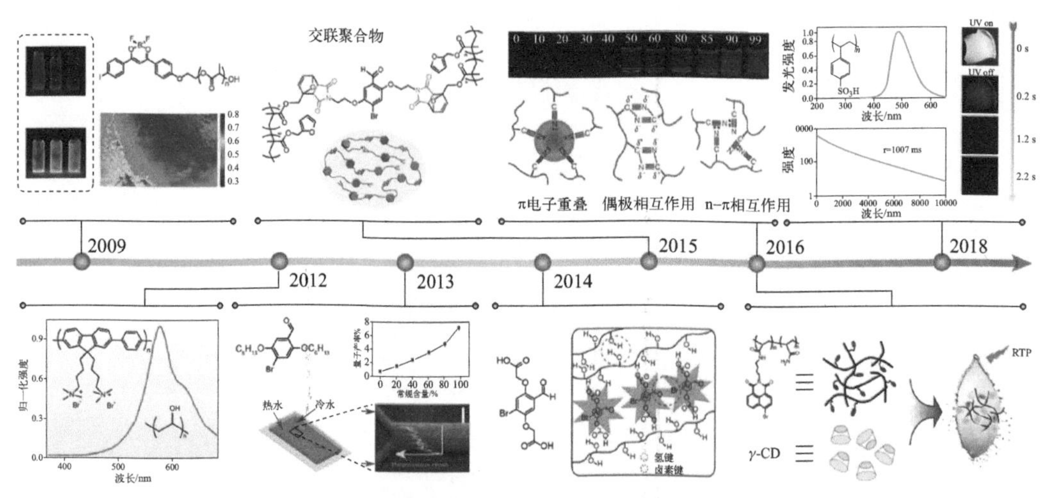

图2-9　聚合物长余辉材料的发展历程[19]

2.3.4　其他类有机长余辉材料

（1）簇类

簇类发光材料没有传统π共轭发光基团，它们的发光是通过空间共轭作用实现的。这类非典型的发光材料也可分为小分子和聚合物两类，聚合物又包含天然聚合物和人工合成聚合物。这些非共轭的簇类发光材料中一般含有羟基、胺基、砜基、酰亚胺基、磺酸基等含有杂原子的基团，这些基团的存在会产生大量的分子内/间氢键，使得在材料聚集时生成不同尺寸的簇发光单元，同时这些相互作用可以很好地限制分子的振动，从而抑制非辐射跃迁，使得有机长余辉得以产生[20]。材料中存在不同的团簇，采用不同波长激发时，可以激发不同的团簇单元，所展现出来的发光颜色也不同，赋予材料有激发波长依赖特性的多色长余辉[21]（图2-10）。

（2）金属有机框架（MOFs）

金属有机框架（metal-organic frameworks, MOF）是一类具有分子内孔隙的有机-无机杂化材料，由有机配体和金属离子或团簇通过配位键自组装形成。MOFs可以作为长余辉材料的主要原因是：MOFs易形成紧密的刚性晶体结构，从而有效地稳定三线态激子，实现超长有机室温磷光发射；另一方面，MOFs中含有金属离子，可以增强材料的自旋轨道耦合，促进系间窜越，从而提高三线态激子浓度；此外，MOFs由于具有刚性孔状结构，可以作为主体捕获和固化发光客体，从而抑制发光客体的非辐射跃迁[22]（图2-11）。

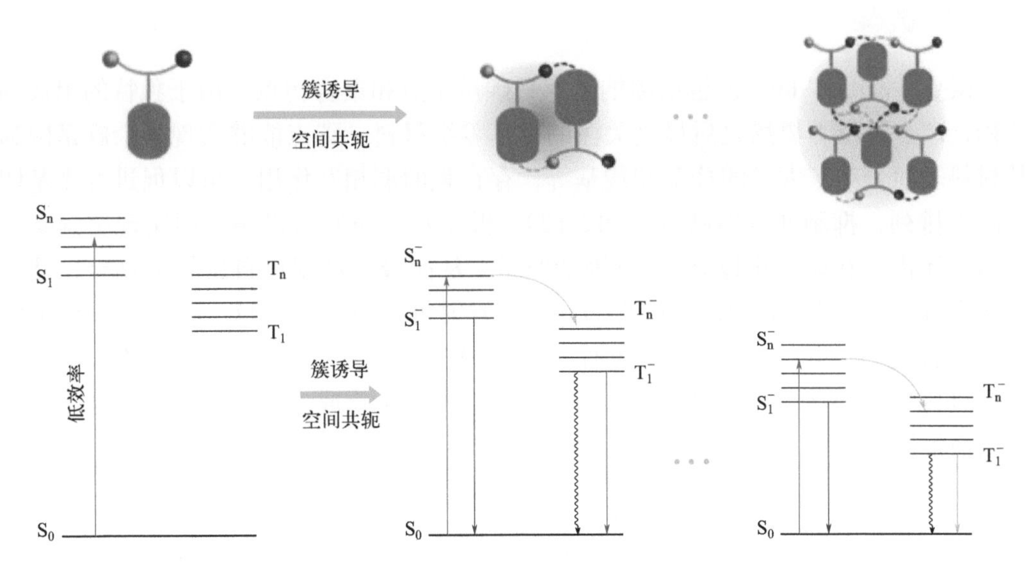

图2-10 簇激发有机超长室温磷光材料发光机理

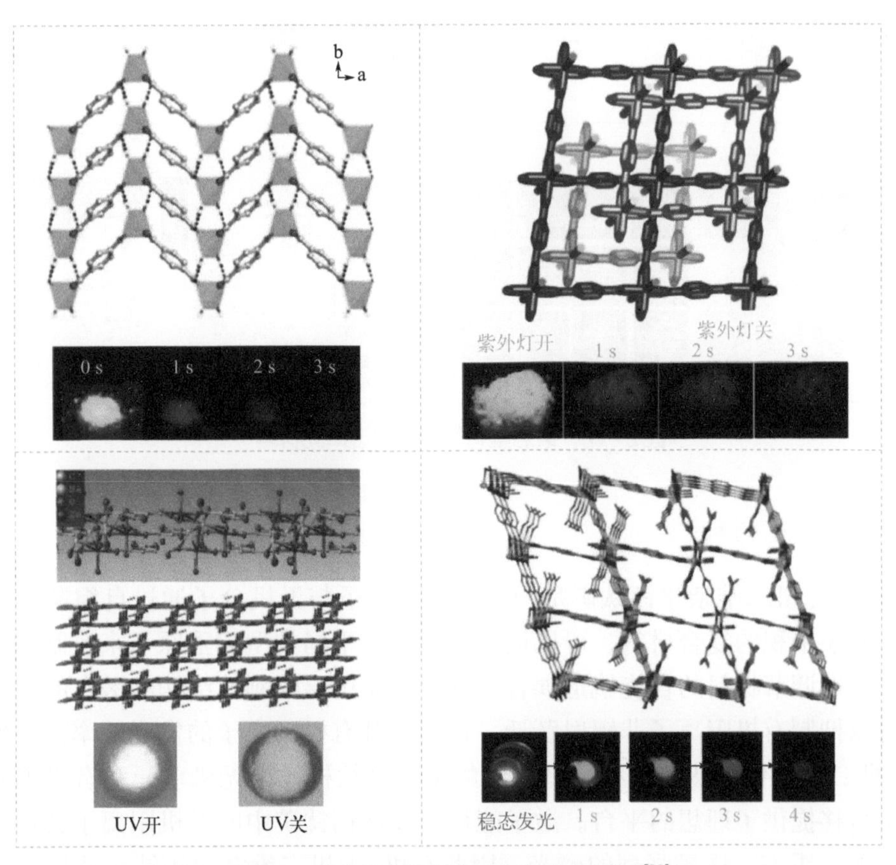

图2-11 金属有机框架有机长余辉材料[22]

（3）碳点

碳点（carbon dots），包括碳纳米点、碳量子点和聚合物点，由于独特的组成和结构，碳点是继石墨烯之后最受关注的碳基零维材料。碳点能够实现长余辉是因为其材料表面分布了大量的羟基和羧基等，存在强的弱相互作用，可以促进发光基团的刚性排列，抑制非辐射跃迁（图2-12）。根据长寿命发射机制，要实现室温磷光发射，还需要在碳点中掺杂N、P等杂原子，从而极大地促进自旋轨道耦合，使其具备高效的ISC过程。因此，碳点的长余辉发射可归因于C═O/C═N强自旋轨道耦合可以有效地产生三重态激子，刚性结构保护三重态激子免受非辐射损伤。碳点长余辉材料具备低毒性、生物相容性较好等优点，在生物成像及传感领域有着丰富的应用前景[23]。

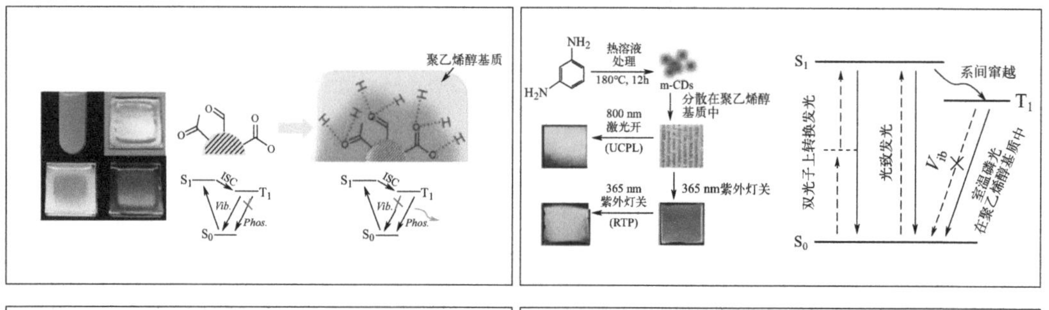

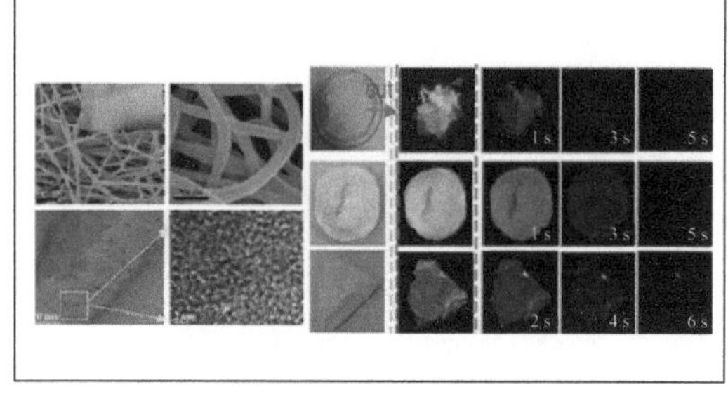

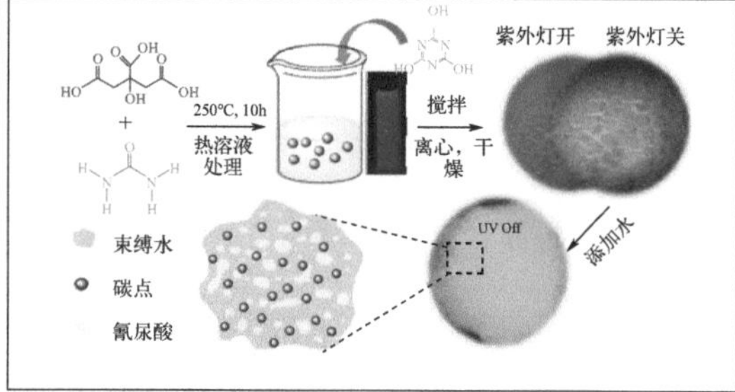

图2-12　碳点型有机超长室温磷光材料[23]

（4）钙钛矿材料

有机-无机二维杂化钙钛矿是一类由有机分子与无机分子通过自组装形成的单晶长程有序堆积的复合材料，可以通过精确掺入不同类型的重原子来控制材料的结构，高效地调节材料的自旋轨道耦合。并且，无机层的刚性结构和潜在的量子限制效应可以抑制有机阳离子非辐射跃迁，从而提升有机阳离子的发光效率。另外，有机-无机二维杂化钙钛矿材料具有天然的量子阱结构，为无机单元和有机单元之间的能量转移提供了理想的平台。激子能量可以从钙钛矿中的无机阳离子转移到有机阳离子的三重态，诱导强烈的磷光，因此有机-无机二维杂化钙钛矿使用功能性有机分子进行超长磷光发射具有广阔的前景[24]（图2-13）。

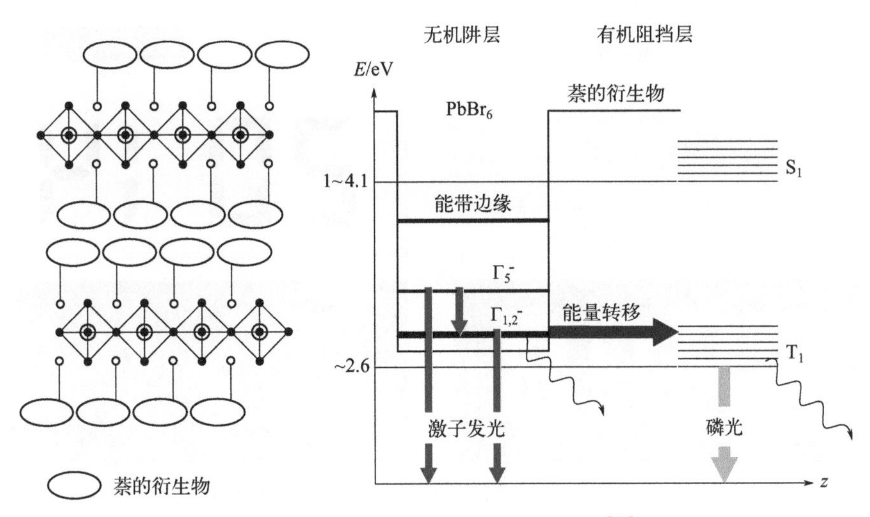

图2-13　钙钛矿基有机长余辉材料[24]

2.4 有机长余辉材料的应用

有机长余辉材料不仅具柔性、导电性、生物相容性、稳定性、低毒性和分子多样性，还具有超长的激发态寿命这一特性，这一独特的光电特性使长余辉材料可以在光电、化学、显示、防伪和生物等领域获得广泛应用，特别是包含颜色、寿命和激发波长依赖的信息加密和防伪，超长寿命的OLED发光器件，环境氛围检测，3D/喷墨打印，传感和生物成像等。

2.4.1 数据加密及防伪

有机超长室温磷光材料在紫外灯辐照停止后仍能观测到磷光发射，这一特性对数据加密、信息安全和防伪方面具有很大的吸引力。如图2-14所示，在柔性基板上用短寿命（< 3 ns）的荧光材料绘制数字代码“8888”，使其与用有机长室温磷光材料绘制的“2014”重叠。在紫外光的激发下，室温条件下仅可观察到蓝色的“8888”图案；移去激发源后，由于有机室温磷光材料的长寿命发光，加密的“2014”黄色图案出现并持续几秒钟，从而无需使用高级的设备仪器只通过裸眼就可以直接观察到。

2.4.2 电致发光器件

有机发光二极管（OLED）是通过载流子的注入和复合而电致发光的现象，在

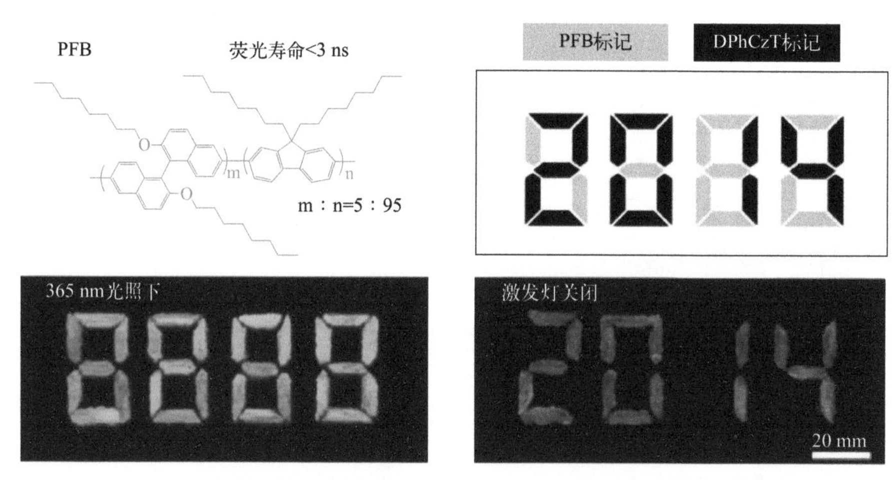

图2-14 有机超长室温磷光的数据加密应用[8]

电场的作用下阳极的空穴和阴极的电子就会发生移动，分别向空穴传输层和电子传输层注入，当二者迁移并在发光层相遇时将激发发光分子，以1 ：3的比例形成单线态和三线态激子，从而最终产生可见光。鉴于有机发光材料的多功能性、轻巧、柔韧性、易于加工、超薄和广色域的优势，在过去的几十年中，OLED已在发光和显示应用中引起了人们极大的关注。

Adachi课题组[25]使用DMFLTPD-d_{36}作为掺杂剂、CzSte为主体构建的有机超长室温磷光发射层，最后实现了超长有机室温磷光的电致发光器件（图2-15）。所制备的OLED在施加电压时显示蓝色荧光，并且在关闭施加电压时显示绿黄色有机超长室温磷光发射。超长室温磷光OLED器件的面世，将具有以下优势：与传统OLED相似，能够依靠交流电驱动并可以稳定持续发光，这样能够解决交流电驱动下的频闪问题；通过合理地调控发光层中的材料比例，可以制备得到单组分的白光OLED，优化了传统OLED器件复杂的多层结构。

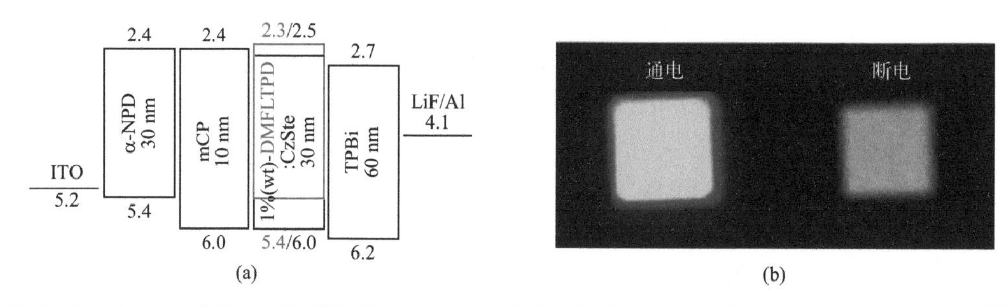

图2-15 （a）电致超长室温磷光的OLED器件结构；（b）器件在通电和断电时的发光效果图[25]

2.4.3 光学记录

光学记录是指使用光在介质上记录信号的过程，并且记录的信号可以在随后再现。光学记录技术的关键是记录的介质材料，有机超长室温磷光分子的一个独特的性质是它们的结晶依赖性发光；当室温磷光粉末被热解、研磨，或由于其不同的光物理性质，导致分子间相互作用将室温磷光分子剪切成不同的分子堆积时，发光颜色将会改变。此外，有机室温磷光发光体在机械和烟雾刺激时会显示可逆的固态发射特征，这使得其在光学记录方面的应用又增加了一个优势。如图2-16利用有机室温磷光分子响应于机械刺激的可逆磷光至荧光转换，制得了一个光学记录器件。寿命为0.54 s的粉红色室温磷光可以通过研磨变成蓝色，以提高无定形固体的产率，允许分子内自由旋转和振动运动，导致发出的光主要为蓝色荧光而室温磷光减少。然而，当研磨停止时，发光颜色在几分钟后又变成紫红色。该紫红色发射包括来自非晶态的荧光（430 nm）和来自老化后晶体的室温磷光（550 nm）。因此，若将该有机室温磷光材料沉积在滤纸上，用不锈钢钉在其表面书写，以将部分结晶的紫红色发射粉末转化为蓝色荧光的无定形材料，则将观察到蓝色的单词。该光学记录仅在1 min内可见，这是由于该化合物有自擦除行为，即通过快速聚集转化又形成晶体[26]。

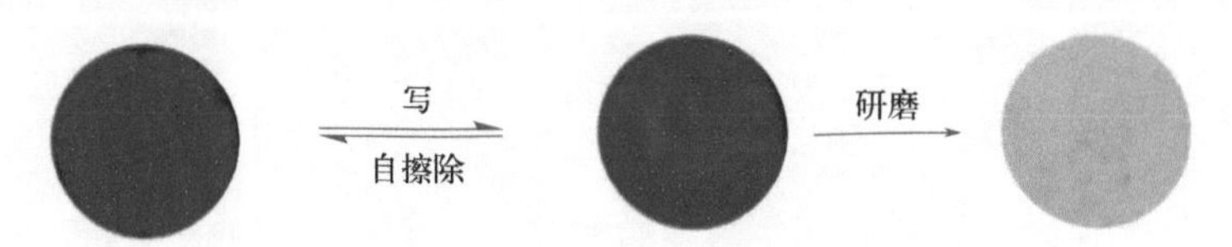

图2-16　有机长余辉材料的光学记录应用[21]

2.4.4　信息传感

当前，机器人、智能制造、智能交通、智慧城市以及可穿戴技术正在迅速发展，对传感器的需求愈加广泛，光电信息传感是新一代信息产业的底层共性技术，是实现信息产业“弯道超车”的革命性技术，已成为大国博弈的战略新高地。由于有机长余辉的发光机制十分复杂，包含多步光物理过程，且具有三线态激子辐射衰减的磷光特征，故其对多种外部刺激都比较敏感，因此有机室温磷光材料能够应用于传感器设计。Fraser等[26]将磷光传感器、荧光基准和聚合物基质结合成单个聚合物链，以实现不含稀土金属的氧传感器系统。他们通过增加染料共轭和引入重原子，增强自旋轨道耦合，以促进多路复用和体内检测（图2-17）。当有机室温磷光材料P3-I的纳米颗粒被T41小鼠乳腺细胞摄取时，具有增加磷光量子产率的碘取代的P3（P3-I）显示出清晰可辨的绿色荧光和橙色磷光，这使其成为理想的氧比率传感和基于寿命的传感器。

2.4.5　生物成像与示踪

生物成像是了解生物体组织结构、阐明生物体各种生理功能的一种重要研究手

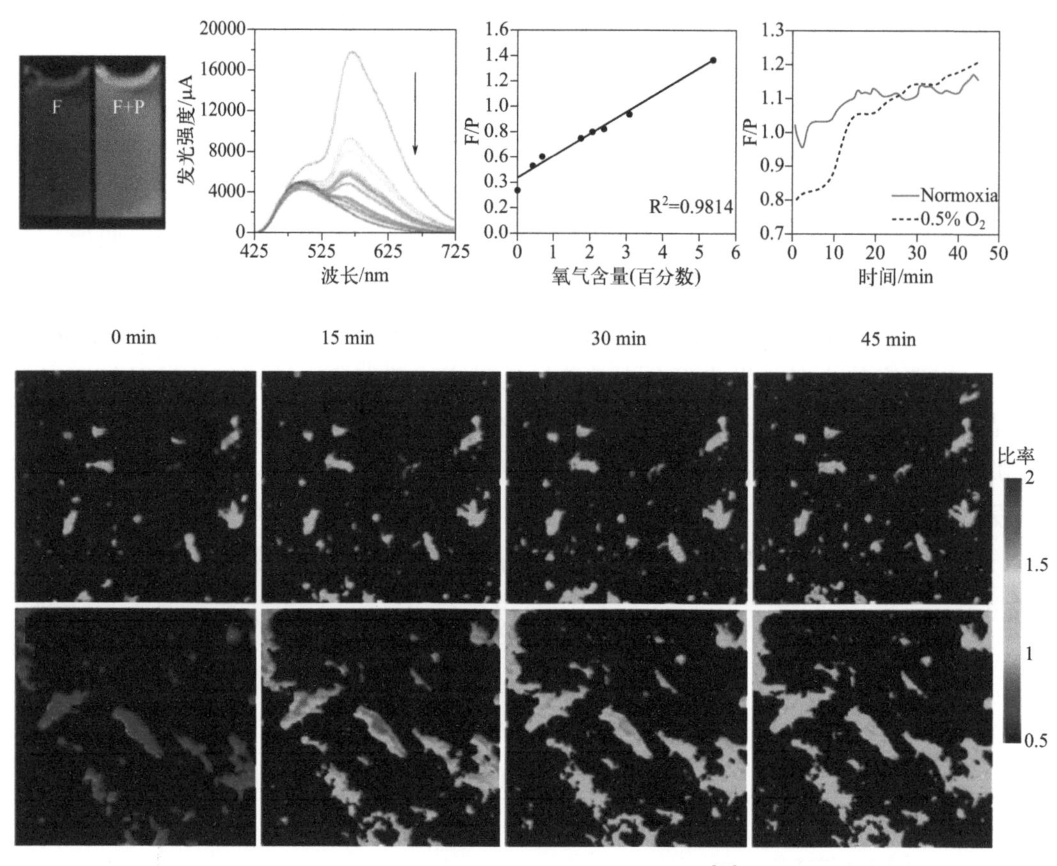

图2-17　基于有机长余辉的氧传感器[26]

段，近年来随着光学成像技术的发展，尤其是数字化成像技术和计算机图像分析技术的引入，生物成像技术已经成为细胞生物学研究中不可或缺的方法。有机长余辉材料可以通过时间分辨的磷光成像消除背景荧光和散射光，因此在显示细胞状态和形态细节方面显示出显著的优越性。陈润锋教授课题组[28]将高效室温磷光分子制备成的纳米颗粒应用于HeLa癌细胞，进行了磷光寿命成像，结果表明可以很好地消除细胞的背景荧光干扰，磷光寿命成像具备高的信噪比和低毒性［图2-18（a）］；李振等[27]使用室温磷光材料在小鼠体内实现活体成像［图2-18（b）］，也可以有效地消除生物体的背景荧光。这些有效证明了长余辉材料在细胞和活体成像等方面具备毒性低、可消除背景荧光干扰和可进行病理过程追踪等优点。

2.4.6　打印技术

打印技术是一种重要的增材制造技术，能够以数字模型文件为基础，运用打印介质，如墨水进行平面的图案打印，也可以运用粉末状金属或塑料等可黏结材料，

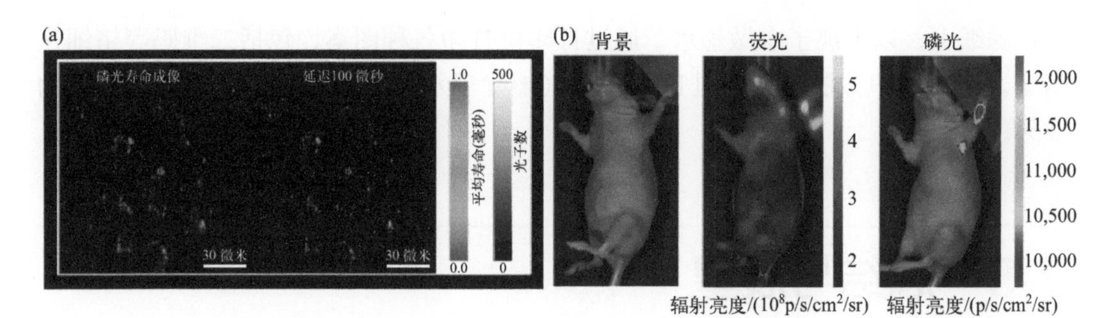

图2-18 有机长余辉材料在细胞磷光寿命成像（a）及生物活体成像（b）领域的应用[27]

通过逐层打印的方式来构造三维物体。目前，喷墨打印和3D打印技术已经逐渐成熟，喷墨打印现在已经成为日常生活中必不可少的一部分，而3D打印可通过计算机定制打印高精度、复杂多样的三维模型，在工程、医疗和教育等方面具有潜在应用。Reineke等[24]将掺杂千分之一的长余辉材料用于打印各种形状的物品（图2-19）。陈润锋教授课题组[30]基于水刺激响应特性，将制备的主客体复合物溶于DMSO涂

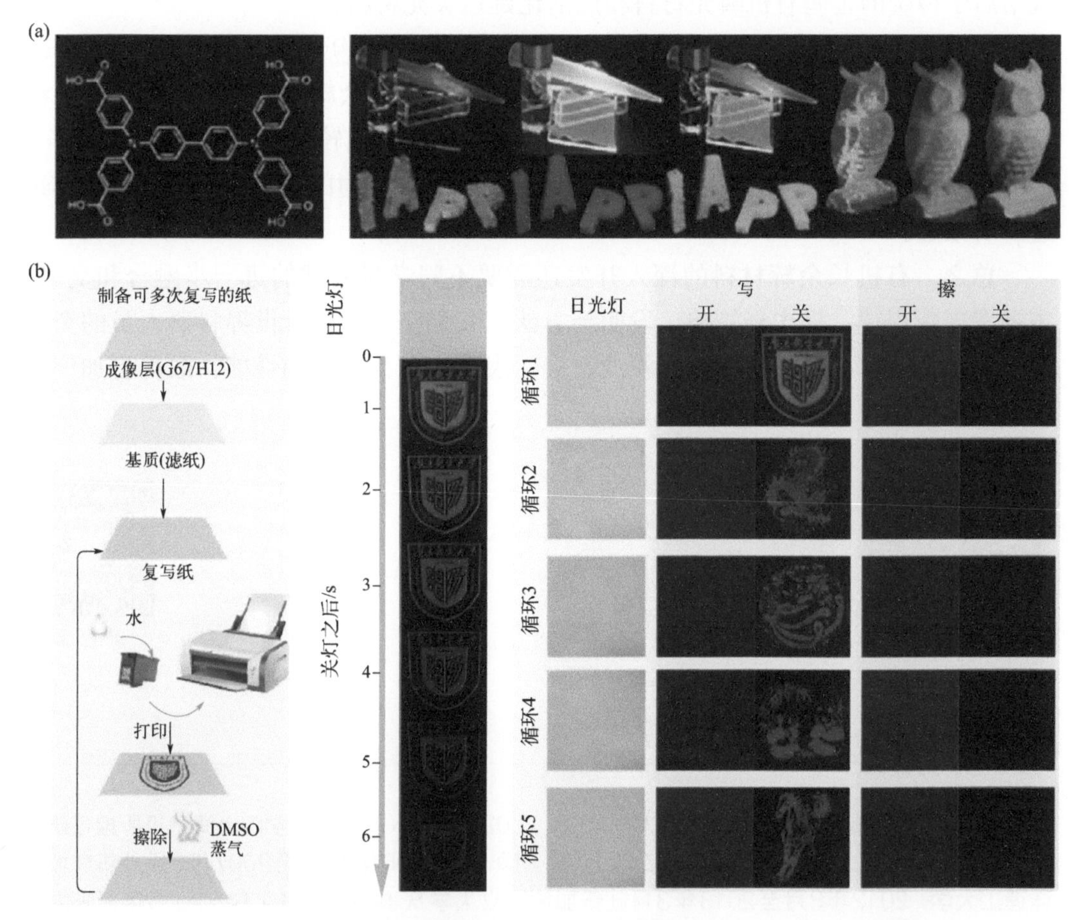

图2-19 有机长余辉材料在3D打印（a）和喷墨打印（b）中的应用[25]

覆在滤纸上，以去离子水做墨水，通过打印机打印各种图案，包括二维码等精细化图案。这种打印方法可以通过DMSO蒸气擦除墨水再打印，达到循环利用纸张的效果。

2.5 总结与展望

有机长余辉材料作为一种具有独特激发态演变过程的有机发光材料，在很多领域已经崭露头角，目前实现应用的领域主要在数据加密与防伪、电致发光器件、光学记录、化学传感及生物成像等。尽管这些领域的应用极大地促进了有机长余辉材料的发展，但其性能仍无法与传统无机长余辉材料相匹敌。如何设计高性能的材料体系仍然是一个挑战，且还有诸多基本科学问题以及关键技术需要解决，包括

① 有机长余辉材料的发光效率仍然偏低：多数材料的发光效率远低于20%，大大落后于传统的金属有机磷光材料和热活化延迟荧光材料；

② 有机长余辉材料发光颜色不够丰富，全彩材料的构建是实现有机磷光OLED全彩显示和白光照明的必要条件，然而目前多数有机长余辉材料发光颜色集中在红黄绿光区域，深蓝和蓝光以及红外和近红外发射材料体系较少；

③ 有机长余辉材料的发光色纯度差，具有窄谱带发射的有机室温磷光材料体系还鲜有报道。

总之，有机长余辉材料的深入开发还需要不同学科领域的进一步融合和交叉，不断发现新规律、提出新策略、发明新方法。我们坚信，在全世界科研人员的努力下，有机长余辉材料势必获得更快的发展，表现出更为高超的性能，取得更加广泛的应用。

参考文献

参考文献

作者简介

陈润锋，南京邮电大学/浙江理工大学教授，2002年4月入职中国科学院上海有机所担任研究助理，2006年7月入职南京邮电大学工作至今，期间，于2006年12月至2007年5月赴新加坡南洋理工大学、2012年3月至2013年3月赴新加坡国立大学从事访问学者工作，2015年晋升为教授，2017年4月至今担任南京邮电大学材料科学与工程学院副院长。获江苏省杰出青年基金项目支

持，江苏省“333高层次人才培养工程”第二层次培养对象（中青年领军人才）、江苏省“六大高峰人才”高层次人才、江苏省“青蓝工程”中青年学术带头人。作为通讯或第一作者在*Nature Mater.*、*Nature Commun.*、*Sci. Adv.*、*J. Am. Chem. Soc.*、*Angew. Chem. Int. Ed.*、*Adv. Mater.* 等高水平期刊发表SCI论文共计200余篇。研究成果被国内外同行在其*Nature Commun.*、*Sci. Adv.*、*Nature Rev. Mater.* 等学术期刊的论文中重点评述和引用。提出的有机超长室温磷光发光原理及激发态寿命调控策略被学术界认可并成为国际通行设计方案。受Wiley 和Springer 出版社邀请撰写2部英文专著/章节，出版“十三五”江苏省重点教材1部。获得国家自然科学奖二等奖、教育部自然科学奖一等奖、江苏省科学技术奖二等奖、中国电子学会科学技术奖自然科学三等奖等奖励。

第3章

驭光魔力表面

《中国激光》杂志社

光场调控是当前光学与光子学领域研究的最热点之一，由于能够对物理学、信息科学、生命科学以及材料科学等学科产生积极的推进作用，因此受到了来自多个领域学者的共同关注。作为近年来最具代表性的光场调控技术，超构表面以轻薄的质量、紧凑的体积以及近乎无所不能的调制能力，而被认为是整个光学领域近年来最具革命性的一项成就。超构表面为何拥有如此强大的“魔力”？它经历了怎样的发展历程？未来又会有哪些显著的应用场景？本章将介绍超构表面的前世今生，带读者领略超构表面的驭光之力。

3.1 玩转光场，小小平台包藏大大乾坤

光是一种包含了能量与信息的电磁波，自宇宙诞生之初便已存在。作为人类认知自然世界最直接、最客观的方式，小到树木小草，大到日月星辰，光将这个世界毫无保留地送到人们的眼中。随着科学技术的发展，对光的精细调控也开始成为学者关注的热点。光场调控技术能够带动成像、感知以及探测等技术的发展，促进量子信息、生物化学以及材料加工等学科研究的进步，是当今光学领域一个重要的研究方向。光场调控技术的部分现实应用，如图3-1所示。

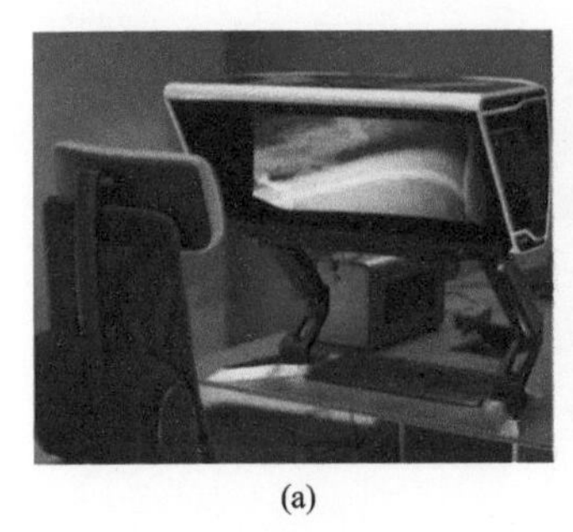
(a)

(b)

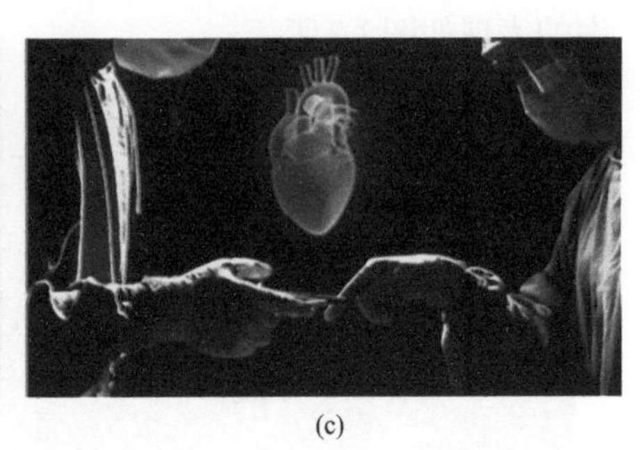
(c)

图3-1 光场调控，让光“起舞”的技术手段：（a）超现实沉浸；（b）3D成像；（c）实时全息

随着微纳加工技术的不断升级迭代，光学器件小型化的发展态势日趋明显。集成化、轻型化的光路设计，不仅能够极大程度地节约光路的空间成本，也为其在商用器件和设备中的应用提供了无限可能。但就在不久前，光场调控仍然需要借助光与宏观非线性介质在远大于光波长距离上的作用来实现。尽管庞大复杂的镜片组合几乎能够实现对光场的任意调控，但其对于光路空间利用率的影响则是极其负面的，这也间接导致了光路实用性的下降。以成像技术为例：传统光学长焦成像需要依赖大量镜片的堆叠，通过采用更加复杂的光学镜片模组设计换取成像质量的提升。例如美国SLAC国家加速器实验室，就曾在2019年定制了一块直径1.57m的巨型透镜，用于搭建世界上最大的巡天望远镜(LSST)。如图3-2所示。

(a)
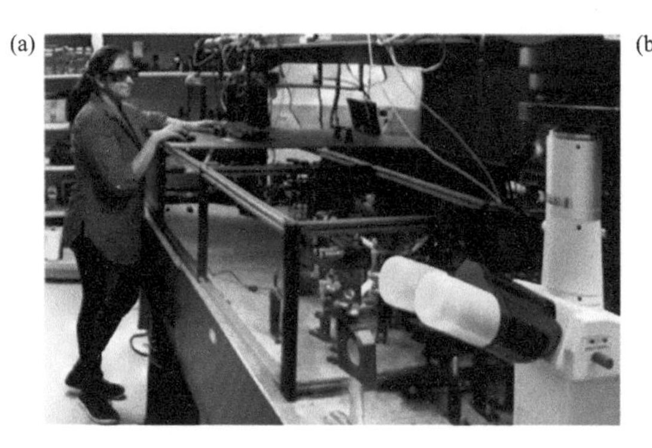
(b)
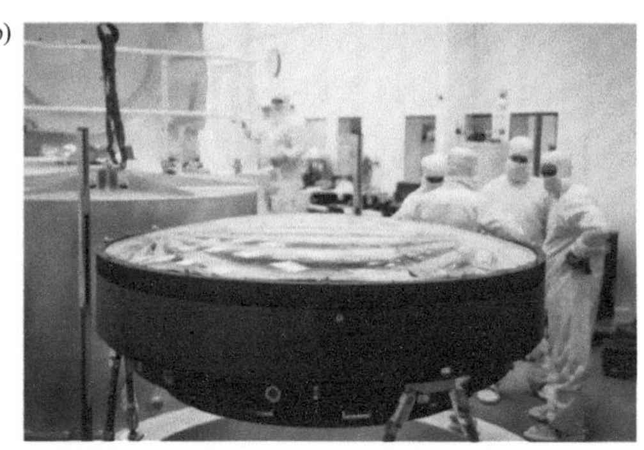

图3-2 传统光学系统庞大繁复的实例：（a）用于生物成像的光学显微镜；（b）用于设计巡天望远镜的庞大透镜

（图源：optics.org）

尽管庞大调控系统能够实现对光场的有效调控，但其背后所包含的经济成本和空间尺寸等问题，却成为其走向实际应用的阻碍。在微纳光学的思潮影响下，人们开始思考利用微观光学结构来改变这一技术困局的可能性，最先被注意到的，是一种特殊的光学晶体——超构材料(metamaterial)。作为一种由亚波长或深亚波长周期或准周期结构排列而成的，具有负折射率的人造光学材料，超构材料往往会通过以金属为媒介的表面等离子共振(SPR)效应来实现其光学功能，通过改变超构单元的材料、形状、结构以及排布，可以从理论上实现对光场任意参数的调制。超构材料的形貌及负折射率的表现如图3-3所示。

(a)

(b)

图3-3 （a）超构材料微观形貌；（b）负折射率使得水中的筷子“反向”弯折

（图源：metamaterial.com）

3.2 从科学向应用，超构器件建起产研结合之桥

由于超构材料的电磁响应功能极其依赖三维结构的体效应，而三维结构的微纳加工又具有一定的复杂度，因此研究人员开始探寻将三维亚波长结构转向二维平面

内单层亚波长谐振结构的可能性，而这种二维平面化的亚波长阵列结构被统称为超构表面(metasurface)。

2011年，来自哈佛大学的美籍意大利物理学家Federico Capasso教授，带领团队率先在*Science*期刊发表研究论文，他们提出了共振相位超构表面的设计思路：利用局部表面等离子谐振响应调控天线辐射场的相位，从而在亚波长尺度上实现对光场的调控。此外，他们在论文中开创性地提出了广义斯涅尔定律，即：只需要在界面处引入合适的相位变化，就可以实现任意方向的折/反射光束；而通过对超构表面中亚波长谐振单元的设计，这个被引入的相位变化就可以实现人为调控。接着，他们在论文中展示了一种通过控制V形金属结构开口方向以实现对反射光相位从0到2π精确控制的方法，同时还展示了基于金属超构表面的光学涡旋光的产生方法。这篇论文自发表之日起，就在光学领域引起了极大的震动，可以说它开辟了光学调控器件设计的新纪元。自此之后，超构表面的设计便成为了光学领域关注的热点话题，光束控制、全息、偏振控制与分析、激光加工、聚焦、成像、人工智能增强的超构器件……时至今日，我们时常能够看到有关超构表面的新设计、新应用，这些都要归功于Federico Capasso教授。Federico Capasso教授的原创性工作如图3-4所示。

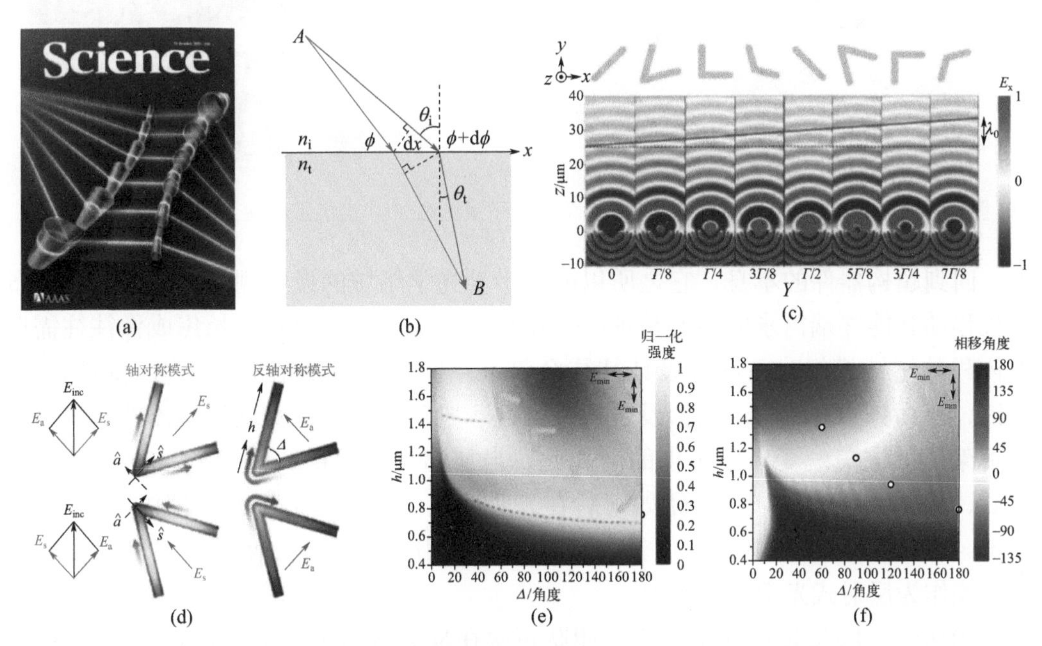

图3-4 Federico Capasso教授掀起超构表面设计风潮：（a）该工作登上当期*Science*封面；（b）广义斯涅尔定律示意图；（c）V形天线开口方向实现反射相位控制；（d）~（f）共振超构表面工作机制

当超构表面的设计正式面世之后，有很多研究人员被吸引至该方向进行研究，他们依靠自身的聪明才智，开发出了新的超构器件加工方法，进一步优化了制备和成本问题。目前，超构器件较为成熟的加工方法一共有三类，分别为直写刻蚀、图案转移刻蚀以及混合图案刻蚀。直写刻蚀一般以短波激光或粒子束为刻蚀光源，通过利用多束激光光束之间的干涉，能够产生大面积、周期性的纳米结构，具有高效、廉价、无掩模的技术特点；图案转移刻蚀则是为了满足高产量和大面积制造要求而发展起来的技术，其下还包含等离子激元、纳米压印以及自组装刻蚀等技术门类；混合图案刻蚀则结合了上述二者的特点，能够实现具有更复杂纳米结构的超构表面的制造。目前能够得到的超构表面，都完美具备了平坦、超薄、轻巧以及紧凑的优点。部分成熟的加工方式如图3-5所示。

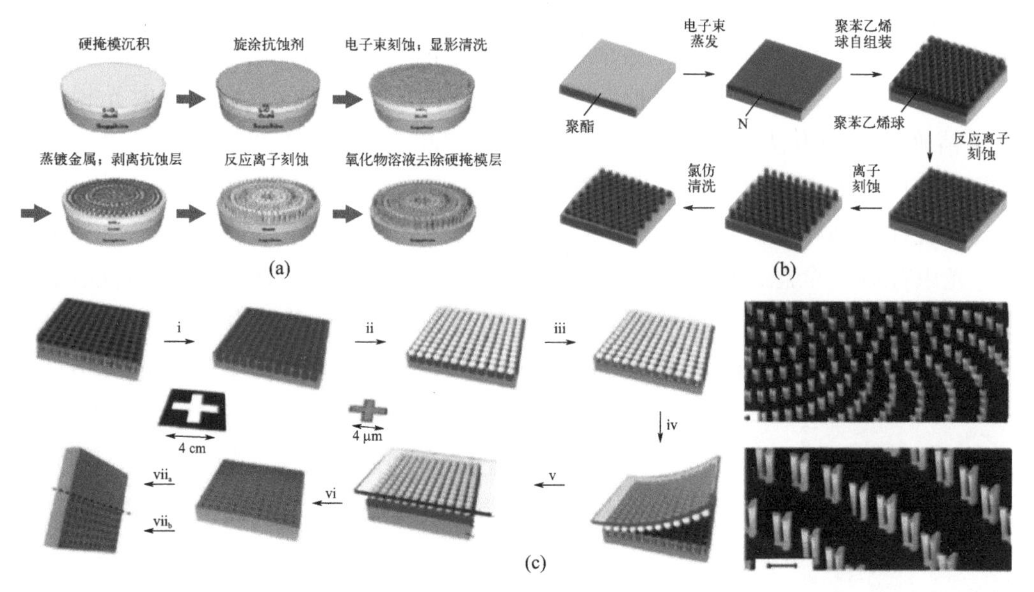

图3-5 几种成熟的超构表面加工方式：(a) 电子束刻蚀；(b) 自组装刻蚀；(c) 微球投影刻蚀

回到超构器件的本身，它之所以能够带动光学领域的设计潮流，是因为其具备现代移动智能终端需求的核心特征——小型化。前文我们提到，长焦成像往往需要大体积的透镜模组，而这种设计往往会带来空间占有的骤增；若能引入超构表面设计，那么势必将在移动拍摄设备领域掀起一股革新浪潮，实现超构器件"从书架到货架"的完美蜕变。事实也的确如此，自从超构表面被Federico Capasso教授带火后，超构透镜的设计工作便如雨后春笋般出现，但这些工作大多都仿照Federico Capasso教授使用金属为基材，这便无法避免地引入了损耗，使得最终制造出的器件只能作为反射式光学元件使用。

2016年，Federico Capasso教授团队再次在*Science*期刊发表重磅论文，如图3-6所示。这次，他们使用高纵横比的二氧化钛纳米阵列构成超构表面，得到了数值孔径高达0.8的超构透镜。该透镜可在可见光光谱范围内高效率工作，并可实现亚波长分辨率成像。从尺寸上讲，该透镜的厚度甚至比一张纸都要薄，但它能够将图像放大170倍，并且获得与当时世界上最先进光学成像系统相当的成像质量。更令人赞叹的是，由于使用工业界中应用广泛的二氧化钛作为基材，该透镜的制造成本极低。自此，超构透镜领域的大门也成功被Federico Capasso教授打开，超构器件走向

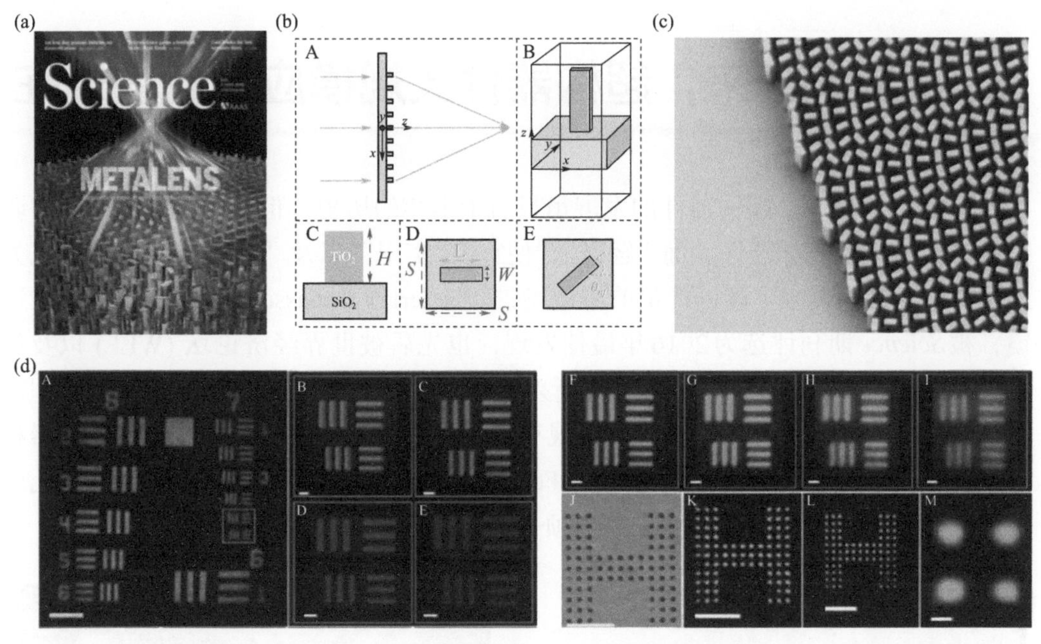

图3-6　从金属向晶体，Federico Capasso教授开启超构透镜设计新纪元：(a) 该工作登上当期 *Science* 封面；(b) 超构单元工作原理；(c) 超构透镜表面形貌；(d) 超构透镜成像结果

实际应用的道路也基本贯通，而超构器件在各前沿领域的应用潜力也得到了验证，可以说，它已经成为了学界和产业界所共同关注的光学焦点。部分前沿应用，如图3-7所示。

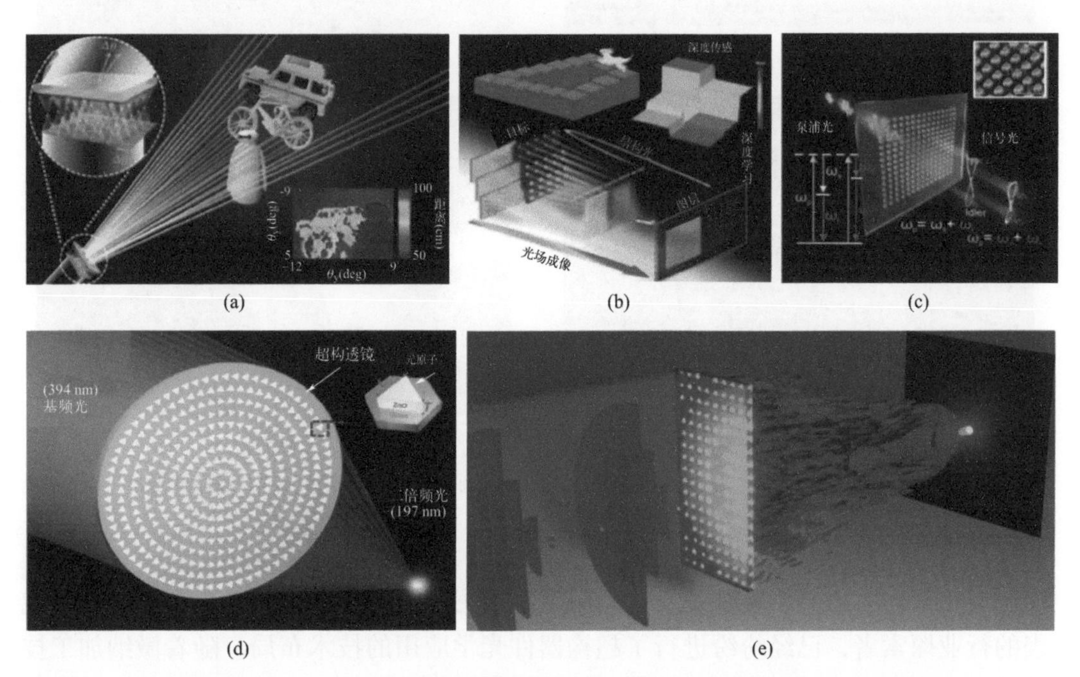

图3-7　超构器件的其他前沿应用：(a) 机械光束扫描；(b) 复杂环境深度感知；(c) 多路纠缠光子产生；(d) 谐波产生；(e) 极紫外激光聚焦

3.3 未来已来，超构器件大规模应用就在现在

自2011年至今，超构器件的发展虽只有十多年的历史，但其所展现出对光的调控能力远超传统光学器件。而“轻薄”“便宜”“实用”以及“智能”等标签，也为这位“驭光者”带来了难以计量的应用场景。Federico Capasso教授所发表的超构透镜，被*Science*期刊评选为2016年最佳发现，也先后被世界经济论坛（WEF）以及科学美国人（SciAm）等组织评选为十大新兴技术之一。WEF对其有着这样的评价：“这些细微、薄而扁平的透镜，可以代替现有的笨重的玻璃透镜，从而能够使传感器和医学成像设备进一步小型化。”此外，Federico Capasso教授还荣获2016年巴尔扎恩奖，并于2021年斩获光学领域最高奖项——艾夫斯奖章/奎因奖。

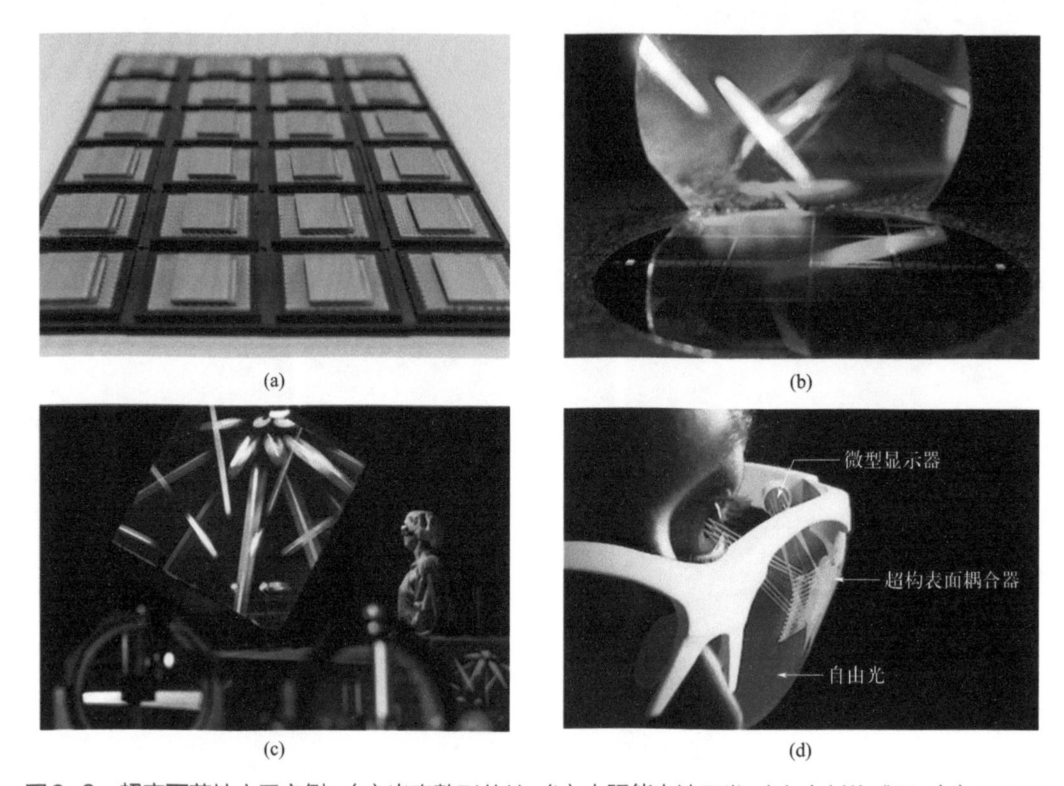

图3-8 超表面落地应用实例：(a) 光束整形芯片；(b) 太阳能电池开发；(c) 光刻传感器；(d) AR/VR眼镜设计

近年来，以苹果、谷歌、三星、华为、索尼以及意法半导体等超大型企业为代表的行业探索者，已经纷纷进行了超构器件光学应用的技术布局。随着微纳加工技术的不断引入，相信超构器件的工作效率会进一步提升，也将进一步带动超构器件在工业界及消费电子界中的应用，例如物联网、自动驾驶视觉、可穿戴设备、AR

和遥感等的持续发展。如图3-8所示。随着研究的不断深入，我们有理由相信：一个超构器件应用爆发的节点即将到来，或许就在明天，手机镜头也能取得媲美长焦相机的拍摄效果。

参考文献

参考文献

作者简介

《中国激光》杂志社，是激光、光学、光子学领域的一流出版机构，目前出版10种学术期刊。杂志社出版的3种中文半月刊《中国激光》《光学学报》与《激光与光电子学进展》全部被ESCI收录；4种英文期刊*Advanced Photonics*、*Chinese Optics Letters*、*Photonics Research*与*High Power Laser Science and Engineering*被SCI收录，出版新刊*Photonics Insights*、*Advanced Photonics Nexus*与*Advanced Imaging*。其中，6种期刊入选"中国科技期刊卓越行动计划"。自主建设的中国光学期刊网与Researching英文平台，汇聚了光学、物理、地理优势学科期刊，网站访问量在全球光电网站排名第一。平台建设得到中国科学院国际高水平学科刊群择优支持、"中国科技期刊卓越行动计划"集群化试点项目支持。杂志社入选由原国家新闻出版广电总局确定的首批数字出版转型示范单位，多次获得"中国出版政府奖"。

第4章

沸石

薛 斌

科学的发现往往发生在偶然之间。瑞典矿物学家、化学家克朗斯泰特（Alex Fredrik Cronstedt，1722—1765）将一种采集来的矿物用火焰加热时，惊奇地发现它会发生起泡、膨胀和水蒸气冒出来的现象。在观察到这一有趣现象之后的1756年，克朗斯泰特在瑞典学院报告了这个发现，并把这种矿物称为沸石（zeolite），沸腾的石头——多么形象的名字！

但是克朗斯泰特当时并不知道，这发生的一切究竟是为什么。在他之后关于沸石的研究又陷入了长久的沉寂，直到一百多年后，才有研究者证明克朗斯泰特当年观察到的水损失现象是可逆的，也就是说沸石可以在脱水之后再吸水，并且一直循环下去。并且有报道表明，沸石具有离子交换的特性，即沸石中的金属离子可以被溶液中的金属离子替换下来。

4.1 沸石的“真相”

现代科学研究表明，沸石其实是一类成分为铝硅酸盐的多孔性结晶材料，具有直径为0.3~1.5 nm也就是分子尺寸大小的孔道和空腔。

20世纪初，沸石的商业价值被发掘出来，用于硬水的软化，也就是去除水中过多的钙离子和镁离子，并被添加到洗衣粉中用来改善洗涤效果，这种用途沿用至今。

1925年，沸石分离分子的效应被首次报道，研究证明从孔隙中去除水后，沸石晶体可以根据大小的不同来分离气体分子。1932年，沸石的这种特性被称为“分子筛”作用，于是它开始有了一个新的名字——分子筛，可以分离分子的筛子，这一名词首次在科学出版物中出现。

受此启发，英国化学家巴勒（Richard Maling Barrer，1910—1996）开始深入研究沸石分子筛的气体吸附性质，并且着手人工合成沸石分子筛。1948年，他提出一个构想，在模拟地质环境条件下，也就是在高温以及水沸腾后产生的自生压力的条件下合成沸石。在这一思路指导下，首次成功实现了自然界不存在的、具有全新结构的人造沸石的合成。这一成功突破拉开了水热法合成沸石分子筛的序幕。时至今日，水热反应仍然是实验室合成以及工业生产沸石分子筛的重要方法。

4.2 人造沸石时代

当时间即将进入20世纪50年代时，沸石分子筛的商业价值愈发凸显。工业界的研究人员迅速加入到沸石分子筛的研究行列中来。这其中杰出的代表人物是美国联合碳化公司林德空气产品部的米尔顿（Robert Mitchell Milton，1920—2000）。经过探索，米尔顿采用了新的原料，在比巴勒更温和的条件下，成功合成了A、B和X三种类型的新型沸石分子筛，其中A型（被命名为Linde type A，LTA）和X型沸石分子筛从1954年开始作为工业吸附剂实现商业化应用以来，直到目前，仍然在吸附剂和催化剂市场中占据着重要地位。

基于这些重要贡献，巴勒和米尔顿被誉为分子筛化学的奠基人。在他们的引领下，沸石分子筛的人工合成得到了广泛的研究，各种沸石分子筛的骨架拓扑结构也得到了揭示。

迄今为止，在国际分子筛协会（IZA）网站上可以查询到的分子筛骨架拓扑结构类型多达247种。图4-1为A型分子筛所属的LTA结构，图4-2为X型分子筛所属的FAU（Faujasite，八面沸石）结构。

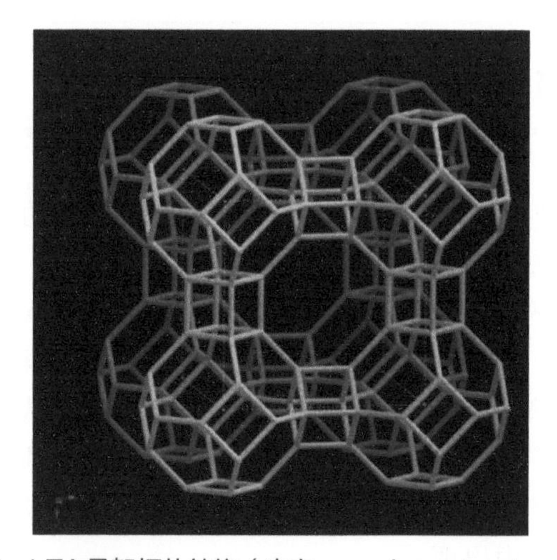

图4-1 LTA骨架拓扑结构（来自www.iza-structure.org）

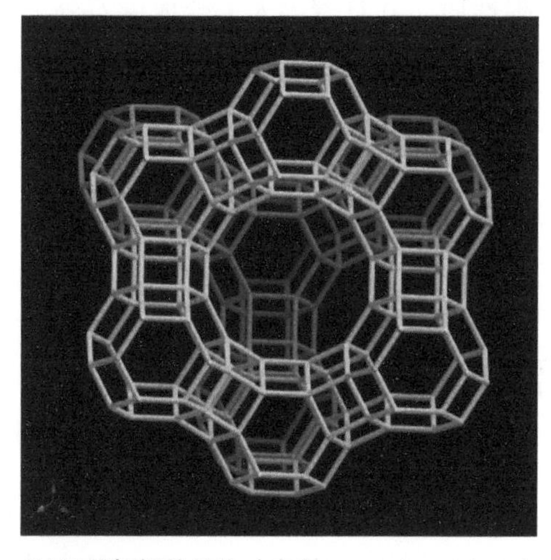

图4-2 FAU骨架拓扑结构（来自www.iza-structure.org）

从1959年开始，联合碳化公司推动了人工合成的沸石分子筛在石油产品分离方面的大规模应用，用含钙离子的A型分子筛吸附分离汽油中含有5个以及6个碳原子的直链正构烷烃，而把支链异构烷烃保留下来，以提高汽油的辛烷值。

同时，沸石分子筛的催化作用也被重视起来。研究者很快发现沸石分子筛具有非常高的比表面积（通常每克可达几百平方米）、强的吸附能力、大量的催化活性位点，结构稳定、耐热（热稳定性好）、耐水蒸气（水热稳定性好）、耐一般化学腐蚀，吸附性能从亲水到疏水可以方便地调节，孔道和空腔的尺寸与许多有价值的分子相匹配，复杂的孔道结构有利于实现特定反应的发生（形状选择性催化）。其中具有代表性的沸石分子筛催化剂是联合碳化公司研究人员在1954年合成的Y型分子筛和美孚石油公司研究人员在1963年合成的ZSM-5分子筛（zeolite Socony Mobil-5，索科尼美孚沸石分子筛第5号）。

Y型分子筛与X型分子筛具有相近的FAU骨架结构，是石油催化裂化、加氢裂化和异构化等反应中常用的强酸性催化剂。ZSM-5属于高硅含量沸石分子筛，具有MFI（Mobil-type Five）结构（图4-3），在石蜡脱氢、甲醇转化等催化反应上表现出优异的择形催化性能。于是，沸石分子筛逐渐替代了传统的无定形的二氧化硅和氧化铝催化剂，成为石油炼制领域的重要催化剂，对石油化学工业产生了深远的影响，也是当今世界工业领域使用最广泛的催化剂之一。

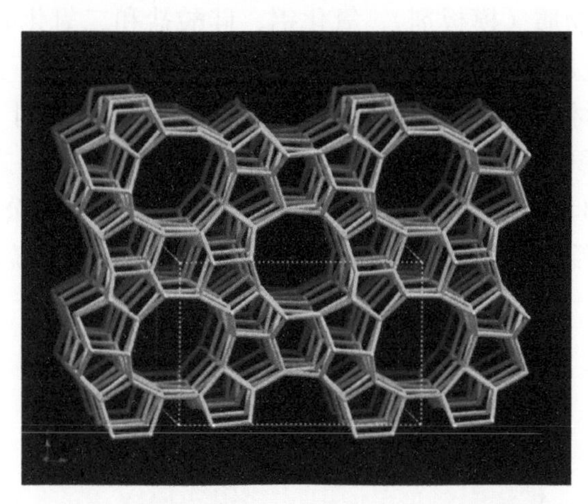

图4-3 MFI骨架拓扑结构（来自www.iza-structure.org）

20世纪70年代开始，伴随着石油资源的日益紧张，重油等大分子的深加工显得必要起来，而沸石分子筛较小的孔径特征限制了其在这方面的应用，研究者于是把目光投向了具有更大孔径的多孔材料的开发。

1982年，含有14元环的磷酸铝分子筛$AlPO_4$-8横空出世，打破了沸石分子筛最大的孔只能由12个原子围成的铁律。1988年，磷酸铝分子筛VPI-5（Virginia Polytechnical Institute-5，弗吉尼亚理工学院第5号）刷新了这一纪录，18个原子构成的孔得以实现。1991年，磷酸镓分子筛Cloverite的20元环孔再次刷新纪录。

根据国际纯粹和应用化学联合会（IUPAC）对多孔材料类别的定义，孔径小于2 nm称为微孔材料，孔径大于50 nm称为大孔材料，而孔径介于2~50 nm之间称为介孔材料。虽然说沸石分子筛合成领域在20世纪80年代取得了重要进展，但仍然徘徊于微孔材料范畴。

与此同时，层状材料也被寄予厚望。以蒙脱石、磷酸盐和双氢氧化物等为代表的层状材料可以通过离子交换作用在层间插入金属离子低聚物、季铵盐等客体物种，实现层间距的扩大，这一过程被称为“柱撑”。柱撑的层状材料虽然拥有比微孔更大的介孔尺寸的孔隙，但是排列杂乱无章，而且孔径分布宽泛，分子既无法顺利地在孔道中输运，也无法实现分子的选择性吸附，因此极大地限制了它在催化领域的应用。

开发孔径具有介孔尺寸，孔道规整排列的有序介孔材料显得尤为迫切。

4.3 介孔分子筛时代

1991年，美孚石油公司研究人员在《自然》(*Nature*) 杂志上发表了首次合成有序介孔分子筛材料的报道。他们用季铵盐型阳离子表面活性剂十六烷基三甲基溴化铵作为结构导向物质（模板剂），氧化铝、硅酸盐和二氧化硅作为反应原料（前驱体），经过水热反应以及后续的焙烧脱除模板剂程序，得到了有序的介孔级别氧化硅（铝）分子筛材料。产物具有均匀有序的六边形孔道排列（图4-4），酷似“蜂窝”结构，比表面积可达1000 m^2/g以上，孔径可在1.5~10 nm之间调节。他们把这种材料称为MCM-41（Mobil Composition of Matter-41，美孚公司的第41号材料）。这种有序介孔分子筛材料虽然属于多孔材料，但是有别于传统的微孔沸石分子筛，

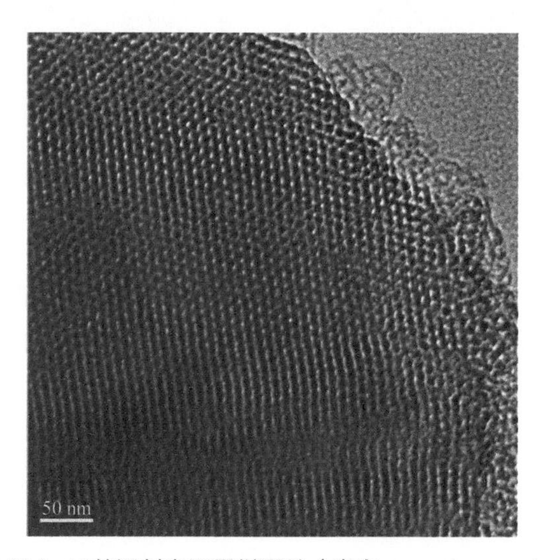

图4-4 MCM-41的透射电子显微图片（来自www.acsmaterial.com）

因为它的孔壁不是结晶性的，而是无定型的。更为重要的是，这一报道提出了表面活性剂在溶液中形成的液晶结构是构筑有序介孔结构的关键因素，这就是日后指导众多有序介孔材料合成工作的著名的“液晶模板机制”。由于所使用的表面活性剂是可以溶解在溶液里的“柔性”分子，因此又把这种模板剂称作为“软模板”，相应的“液晶模板机制”也称为“软模板机制”。

MCM-41的诞生，激发了有序介孔材料研究的热潮，迅速成为了纳米材料化学、分子筛化学、催化化学等多个领域的研究热点。

所谓人无完人，金无足赤。MCM-41也有一些缺点，主要表现为它的孔壁相对较薄，水热稳定性不佳，这与使用离子型表面活性剂作为模板剂有关。这些局限性激励着研究者探索制备有序介孔二氧化硅分子筛的新方法。

4.4 赵东元教授与介孔分子筛

1998年，新的突破出现了。《科学》（*Science*）杂志上发表了美国加州大学圣巴巴拉分校赵东元和斯塔基（Galen Stucky）等的工作，他们用非离子型表面活性剂聚乙烯氧化物-聚丙烯氧化物-聚乙烯氧化物型三嵌段共聚物作为软模板，在酸性介质中以水溶性硅源作为前驱体，通过水热反应制备了具有与MCM-41类似的六边形孔道“蜂窝”结构的有序介孔二氧化硅分子筛。该新方法获得的孔壁更厚，同时孔壁上存在相互连通的微孔，这使得这种新型有序介孔二氧化硅分子筛比MCM-41的热稳定性进一步提高，水热稳定性也更好，并且孔径可以扩大到30 nm。他们把这种新的有序介孔二氧化硅分子筛命名为SBA-15（Santa Barbara Amorphous-15，圣巴巴拉无定形第15号）。

SBA-15（图4-5）作为有序介孔分子筛的“新星”，它的诞生在有序介孔材料领域乃至整个纳米材料领域又迅速引发了一场研究热潮。

图4-5　SBA-15的扫描电子显微图片（来自www.acsmaterial.com）

1998年年底，赵东元教授加盟复旦大学继续从事有序介孔材料的研究，在这之后以复旦大学命名的FDU系列有序介孔二氧化硅材料陆续被报道出来。

4.5 有序介孔材料蓬勃发展

在不断优化软模板法合成有序介孔材料的同时，研究者另辟蹊径，对硬模板法也进行了深入探究。

所谓硬模板法，就是将已经存在稳定有序介孔结构的材料作为模板骨架，将前驱体物质灌注、填充到骨架的间隙中去，之后将骨架材料除去，最终得到另一种有序介孔结构材料的合成方法。因为这一策略与传统金属构件铸造过程非常相似，因此又被称为“纳米铸造”。

最先被想到作为硬模板骨架的便是有序介孔二氧化硅分子筛，这是因为一方面有序介孔二氧化硅的合成方法较为成熟，另一方面通过氢氟酸或者浓氢氧化钠溶液对二氧化硅的溶解作用可以较方便地去除这类骨架材料。基于这一思路，以MCM-41和SBA-15等作为硬模板合成具有有序介孔结构的金属、金属氧化物、金属硫化物、金属氮化物和金属碳化物等材料的尝试先后得到了成功。

硬模板法的最广泛应用恐怕要数对有序介孔碳材料的合成了。1999年，韩国科学技术院（KAIST）科学家柳龙（Ryoo Ryong）以MCM-48有序介孔二氧化硅分子筛（与MCM-41同属M41S系列）为硬模板，蔗糖作为前驱体，在硫酸的催化作用下，将蔗糖分子碳化，首次合成出了有序介孔碳材料，并命名为CMK-1（Carbon Mesostructured at KAIST-1，韩国科学技术院介孔碳第1号）。由于碳材料本身具有良好的耐酸碱性、导热/导电性等特性，有序介孔碳材料引起了研究者极大的兴趣。继CMK-1之后，大量硬模板法合成有序介孔碳材料的工作被报道出来，这些有序介孔碳材料在电化学储能应用方面表现出了很大的潜能。

与二氧化硅相比，其他金属氧化物、金属硫化物等非硅材料具有更加丰富的物理化学性质，有可能在能源、环境和生物医学等多个领域获得应用。因此，将有序介孔二氧化硅分子筛的软模板合成策略扩展到以金属氧化物为代表的其他非硅体系，是有序介孔材料研究领域一直追寻的梦想。但是难度是相当大的，这是因为与二氧化硅的前驱体相比，金属氧化物前驱体的水解速率是非常快的，并且难以控制。尽管如此，20世纪90年代，在非水溶剂体系中采用溶剂挥发诱导自组装（EISA）策略还是得到了一些有序介孔金属氧化物材料。2003年，赵东元教授团队在长期探索基础上，针对有序介孔金属氧化物和磷酸盐分子筛的合成，提出了“酸-碱”反应配对概念。他们认为，无机前驱体可以通过酸碱反应发生“无机-无机组装”，产生具有较强相互作用的前驱体溶胶，并在软模板表面活性剂的指导下，获得有序介孔结构。在这一理论指导下，他们利用EISA方法成功获得了多种非硅有序介孔材料。这一普适性的理论推进了非硅有序介孔材料的可控合成，具有重要的方法学意义。

4.6 有序介孔材料的新境界

伴随着对有序介孔无机材料的研究，科学家们开始思考有序介孔有机材料的合成。2005年，赵东元教授团队基于对有序介孔无机材料合成规律的深入理解，创造性地提出了“有机-有机组装”的新思想。他们巧妙地发掘了大多数人在高中化学课上就学过的苯酚-甲醛缩聚反应，利用该反应得到的酚醛树脂（电木）与三嵌段共聚物之间强烈的氢键相互作用，获得了稳定的、高度有序的有机介观结构。经过有机溶剂萃取脱除模板剂可以得到有序介孔高分子材料；而在保护性气体（氩气、氮气）中焙烧脱除模板剂后，则可以得到有序介孔碳材料，这也为有序介孔碳材料的合成提供了全新的思路。

随着对有序介孔材料合成规律的深入探究，2019年，赵东元教授团队基于单胶束的协同组装作用对有序介孔材料合成理论提出了新的见解。他们认为可以把构成介孔材料的最小单元——单胶束看成一个个“超级原子”，通过控制这些“超级原子”之间的组装，可以得到多种具有复杂微纳结构的组装体，这其中包括传统的固体有序介孔材料，也包括新型液体介孔材料。

一分耕耘带来一分收获。在有序介孔材料领域不断求索的二十多年中，赵东元教授及其团队从方法学的高度揭示了有序介孔材料的合成规律，拓宽了有序介孔材料的应用范围，多项荣誉也接踵而至。

2004年，赵东元教授领衔的“有序排列的纳米多孔材料的组装合成和功能化”项目获得了国家自然科学奖二等奖。2007年，赵东元教授当选为中国科学院院士。2020年，赵东元院士团队的“有序介孔高分子和碳材料的创制和应用”项目获得了国家自然科学奖一等奖。

从克朗斯泰特发现沸石算起，微孔沸石分子筛的研究历史已经超过了250年，从MCM-41的诞生算起，有序介孔材料的研究历程也已经过去了30多年，但是人类对于多孔材料的探究从未停歇。在当今的生产和生活中，微孔沸石分子筛仍然发挥着重要的催化剂和吸附剂作用。新兴的有序介孔材料除了有序介孔二氧化硅材料、有序介孔金属氧化物材料和有序介孔碳材料之外，已经拓展到了有序介孔有机硅材料、有序介孔金属有机框架材料等更新的领域，同时还诞生了将微孔和介孔优势集于一身的有序介孔沸石分子筛材料。有序介孔材料在以重油加工为代表的传统化石能源高效清洁利用，以太阳能电池为代表的新型低碳能源体系构建，以锂离子电池为代表的高效能源储存器件开发，以纳米药物负载和输运、细胞成像和光热治疗为代表的生命健康关怀等多个领域表现出巨大的应用潜力。

多孔材料化学领域仍然蕴藏着众多的科学谜题有待破解，人类的美好愿景将在孜孜不倦的科学探索中不断实现。

参考文献

参考文献

作者简介

薛斌，理学博士，副教授，硕士研究生导师，上海海洋大学食品学院化学系教师，浙江大学化学系化学专业博士，复旦大学化学系博士后，美国约翰斯•霍普金斯大学化学与生物分子工程系访问学者，中国化学会高级会员，中国化工学会会员，中国高等教育学会会员，中国科普作家协会会员。主要研究方向为功能材料在食品质量安全、能源、环境等领域的应用基础研究。主要科普领域为身边的化学，纳米材料与食品安全、能源、环境和海洋，化学史等。

备注：本章内容与《世界科学》2023年第4期相应内容同步。

第5章

手性碳点

莫尊理　李世晶

手性物质目前受到研究人员的高度青睐，它在传感、不对称催化和对映体分离领域中引起了大量关注，然而，高成本和毒性限制了其更广泛的应用。纳米技术的出现为制造手性物质开辟了新的途径。纳米材料可以提供诊断和治疗功能以及可控的物理化学性质，因此，开发低成本、环境友好、低毒性和具有优良光学性能的手性纳米材料，用于光电器件和生物应用是非常重要的。手性碳点是目前较新的手性纳米材料，具有低毒性、良好的生物相容性和优异的光学性能等特点，是手性纳米材料中的生力军。

5.1 手性

手性是生物应用的一个重要特征，是对任何物体的对称性描述，从分子到宏观物体，都不能与其镜像重叠。在化学中，如果一个分子或离子不能通过任何旋转、平移和一些构象变化的组合叠加在它的镜像上，就被称为手性。手性对化学、生物和材料科学有着巨大的影响，在手性识别、手性检测、手性传感和生物医学等领域扮演着重要的角色。

5.2 碳点

碳点通常被定义为表面钝化的小碳纳米颗粒(通常小于10 nm)，具有明亮的荧光。化学结构可以是sp^2杂化和sp^3杂化的碳结构，具有单层或多层石墨结构，也可以是聚合物类的聚集颗粒，种类包括石墨烯量子点、碳纳米点和聚合物点。后文中如无特殊说明，统称为碳点。碳点在光催化和电催化、发光二极管、光伏电池、锂/钠离子电池和超级电容器等方面具有较好的应用前景。另外，碳点具有优异的光学性能、可调的荧光发射、可调的寿命等特性，而手性将给予碳点更多独特的性质，以增强其应用方面的前景。

5.3 手性碳点

手性碳点是一种具有手性的新型零维羰基发光纳米材料，具有小于10 nm的零维碳平面结构，不仅具有与量子点相似的独特的表面、边缘、量子限制效应和优越的光学特性，而且由于手性的存在，还具有许多有趣的应用。如图5-1所示手性碳点于2016年第一次被合成，当时多关注的是手性碳点的合成和明显应用[1]。近年来，对于手性碳点，更多关注的是其手性起源、潜在应用和光学现象。潜在应用目前主要是在生物领域方面的应用，光学现象近年来发展较好的是双光子吸收和圆偏振发光。由于碳点核壳结构的复杂性和表面官能团的多样性，其光致发光机理尚不清楚。了解碳点的光致发光机理，对于指导可调谐荧光发射碳点的合成和促进其应用具有重要意义。以此作为对比，对于手性碳点的合成，同样有继续探索的空间，以便于进一步优化合成条件、减少污染和简化步骤。对于手性碳点的圆偏振发光活性，是目前较为前沿且重要的研究方向，可以大大拓宽手性碳点的应用领域。直接由手性前体制备具有圆偏振发光的手性碳点还具有较大的局限性，所以制备基于手性碳点的复合材料是通用且有效的方式。圆偏振发光在3D显示、光存储、光学防伪、不对称合成、生物传感器和生物探针中具有重要应用。

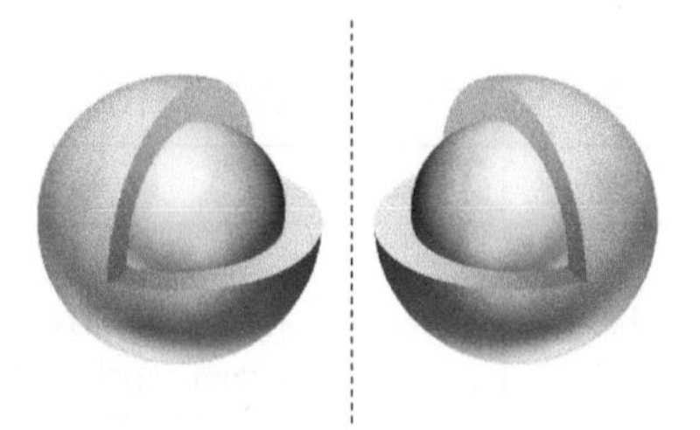

图5-1 手性碳点结构示意图

5.4 手性碳点的合成

手性碳点的合成可以分为两大类：手性配体后修饰策略和手性配体参与一步法合成。前者是指先合成非手性碳点，然后将非手性碳点表面改性后加入手性前体，从而制成手性碳点，称为两步法。表面改性一般使用1-乙基-（3-二甲基氨基丙基）碳酰二亚胺（EDC）和N-羟基琥珀酰亚胺（NHS），EDC和NHS联用可以使体系中的氨基、羧基在室温甚至低温条件下发生偶联反应。因此，手性配体后修饰策略一般在室温下就可以进行。手性配体参与一步法合成是指将所有前体放在一锅中合成手性碳点，称为一步法。

5.4.1 一步法

对于一步法，目前使用较为广泛的是自下而上的有机物碳化法。手性碳点的自下而上合成是指在水热（图5-2）或微波加热过程中通过热解从分子前体产生发光碳纳米颗粒的方法，该方法包括微波法、溶剂热法和水热法等。

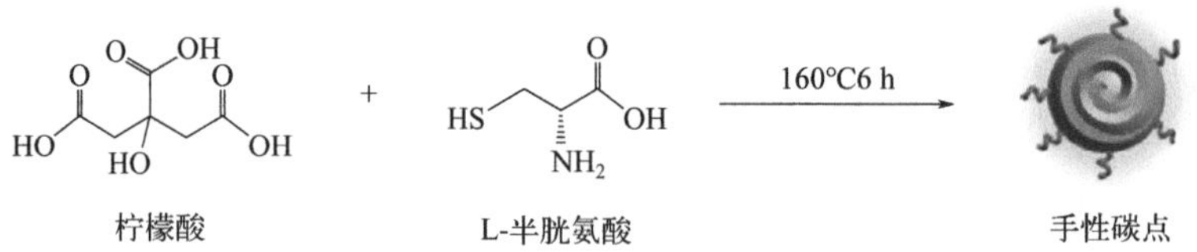

柠檬酸 + L-半胱氨酸 →(160℃6 h) 手性碳点

图5-2 一步水热法制备手性碳点[2]

目前大多数研究使用的都是水热法。该方法简单、可扩展、环境友好、经济高效，并且可以使用各种前体（糖类、胺类、有机酸及其衍生物），但是需要精准控制反应条件继承手性。利用水热法制备手性碳点，是将手性前体、碳源等充分溶解于水中，然后在反应釜中反应，一般合成温度在120 ~ 200℃。表5-1中为目前常用的氨基酸作为手性前体水热制备手性碳点的条件，以及所制备的手性碳点的性质。

表5-1 已报道的基于氨基酸的手性碳点的合成温度、时间以及性质

手性前体	其他前体	温度	时间	手性碳点的性质
半胱氨酸	无	120℃	16h	球形，直径4 ~ 5nm；手性碳点在212nm和240nm有高度对称的CD（圆二色性）信号；最大激发波长370nm，最大发射波长460nm
	柠檬酸	160℃	6h	球形，直径2 ~ 6nm；最大激发波长350nm，最大发射波长453nm
	无	60℃	24h	球形，直径5 ~ 7nm；手性碳点在220nm和250nm具有高度对称的CD信号；最大激发波长405nm，最大发射波长510nm
	柠檬酸，尿素	180℃	1h	球形，直径3.8 ~ 6nm；L-碳点在209nm和219nm具有CD信号，D-碳点在205nm和217nm具有CD信号；最大激发波长450nm，最大发射波长510nm
	柠檬酸	180℃	1.5h	球形，直径4 ~ 8nm；手性碳点在218nm和247nm具有对称的CD信号；最大激发波长360nm，最大发射波长442nm
	柠檬酸，乙二胺	190℃	8h	球形，直径（4.0 ± 0.4）nm；手性碳点在210nm附近和332nm附近具有CD信号；最大激发波长为405nm，最大发射波长为455nm
谷氨酸	柠檬酸	160℃	1h	球形，直径2.07nm左右；最大激发波长360nm，最大发射波长450nm（发射无激发波长依赖性）；手性碳点在210nm处具有高度对称的CD信号
	柠檬酸	140℃	16h	球形，直径（3.5 ± 1.0）nm；最大激发波长360nm，最大发射波长450nm；手性碳点在217nm和232nm有高度对称的CD信号
	柠檬酸	180℃	1h	球形，直径2.60nm左右；手性碳点在213nm左右和234nm左右具有CD信号

续表

手性前体	其他前体	温度	时间	手性碳点的性质
谷氨酸	柠檬酸，乙二胺	190℃	8h	球形，直径（5.2±0.4）nm；手性碳点在224nm附近和362nm附近具有CD信号；最大激发波长为405nm，最大发射波长为460nm
天冬氨酸	柠檬酸	200℃	4h	球形，平均直径为（8.2±1.3）nm；手性碳点在224nm和242nm有高度对称的CD信号
色氨酸	无	120℃	16h	球形，平均直径为4nm左右；L-碳点在287nm和363nm有两个激发峰，最大发射波长位于355～467nm之间，D-碳点在290nm和363nm有两个激发峰，最大发射波长位于361～476nm之间；手性碳点在220nm、240nm和290nm具有对称的CD信号
苯丙氨酸	柠檬酸，乙二胺	190℃	8h	球形，直径（8.2±0.8）nm；手性碳点在203nm附近和362nm附近具有CD信号；最大激发波长为405nm，最大发射波长为455nm
酪氨酸	柠檬酸，乙二胺	190℃	8h	球形，直径（5.2±0.3）nm；手性碳点在209nm附近和345nm附近具有CD信号；最大激发波长为405nm，最大发射波长为455nm

分析表5-1以及表5-1对应的相关研究可得：利用氨基酸作为前体水热合成手性碳点，所得手性碳点都是球形，它们的大小可随合成温度的升高而减小或增大，手性碳点直径的不同变化趋势取决于前体不同的化学结构及其分子量；手性前体（氨基酸）一般会影响短波长的手性信号；而长波长的手性信号可能会与接枝在碳点外壳上的手性残基、手性官能团和手性发色团有关。合成温度和合成时间还需要在具体手性前体和其他前体实验中不断探索，找到相对应的最适宜温度和时间；手性碳点的手性活性与合成时间和温度呈负相关，光致发光强度可能会与碳化程度、碳源的选择和其他原子的掺杂有关；同一种手性前体，固定温度下延长合成时间和固定时间下升高合成温度都会使手性碳点的荧光量子产率增加。基于此，控制反应条件将会对设计出具有最佳化学、手性光学和光致发光性质的手性碳点具有重大的意义。

当然，一步法制备手性碳点不只有水热法。可以在碱水溶液中利用电化学聚蛋白酶法制备手性碳点，将谷氨酸和NaOH溶于水中，然后将两个石墨棒分别作为阳极和阴极插入上述溶液中，通入恒定电流，三天后可以获得手性碳点，六天后手性碳点的旋光性发生逆转，由此也为调控碳点手性提供了一种新的方法[3]。也可以在pH=10.5的情况下，在纯半胱氨酸溶液加入乙酸铜（Ⅱ），2h后形成手性碳点。该方法较为简单，适合大规模生产[4]。

手性前体也不只有氨基酸。大多数基于氨基酸的手性碳点仍然存在以下缺点：

① 在手性碳点的制备过程中，化学成分普遍作为前驱体和溶剂存在，这些成分的毒性和环境不友好性不容忽视；

② 基于氨基酸的手性碳点，其形成机理和手性演化过程尚不清楚；

③ 手性识别的选择决定了手性碳点的应用前景，例如目前，在所有的手性氨基酸中，只有赖氨酸和异亮氨酸等少数几个氨基酸对映体实现了手性碳点的对映选择性荧光识别。

因为这些缺点，有人用藤茶为前驱体，天然深共晶溶剂（NaDES）为环境友好溶剂、掺杂剂和手性源，采用一步法在160℃下加热3h制备了手性碳点[5]。该合成策略遵循绿色化学原则，合成方法简单，合成原料无毒，价廉。该研究不仅为绿色方法开发纳米材料开辟了新途径，而且为拓宽手性纳米材料在临床诊断和药物筛选等方面的应用开辟了新途径。

5.4.2 两步法

两步法是在室温下通过表面改性用手性分子对手性碳点进行合成后处理，即先制备出非手性碳点，然后加入EDC和NHS将碳点表面改性后加入手性前体，并且营造更加适宜的反应环境，之后在室温下搅拌24h，纯化、冷却、干燥得到手性碳点（图5-3）。相比于一步法合成的手性碳点，通过两步法合成的手性碳点尺寸更大。而一步法制备的手性碳点更稳定，抗菌性能优于两步法。

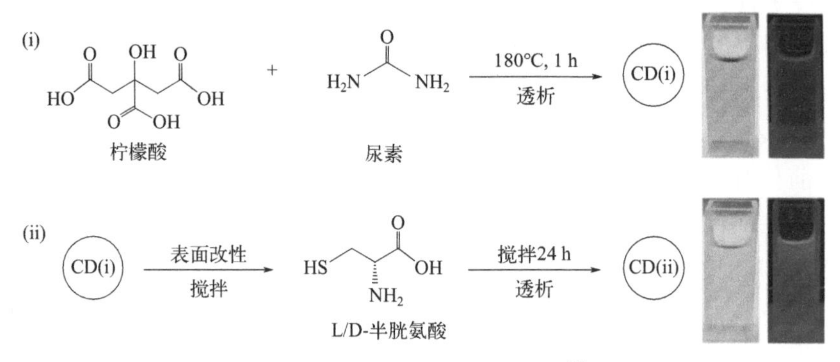

图5-3 两步法制备手性碳点[6]

通过对比，一步法所制备的手性碳点是优于两步法的，而且一步法更加简单且环境友好。不过一步法条件不好精准控制，而且基于氨基酸的一步法前文也提到，有一定的缺点。总而言之，一步法有望使手性碳点直接继承前驱体的手性和结构特征，但是需在密闭空间中承受高温高压，条件不可控；两步法有望通过精确的反应位点来控制手性碳点的结构，从而调控其光学性质，实现从碳点到手性碳点的转变，但是碳点表面官能团的数量和类型不可控，反应后还会产生许多副产物和未反应前体，因此合成过程相对复杂，合成效率较低。

但是，正如前文提到的一些例子，目前也有很多对于新的合成方法和新的手性前体的探索，希望后续可以找到更多环境友好且广泛的手性前体，以及能够更精确控制的反应条件，从而更简单、有效地制备出环境友好、性能优异的手性碳点，从而拓宽手性碳点在更多领域的应用。

5.5 具有圆偏振发光（CPL）的手性碳点的合成

如果手性碳点实现CPL，将极大地增强手性碳点的光学性能，拓宽其在3D显示、光存储、光学防伪、不对称合成、生物传感器和生物探针等方面的应用。为了设计出具有CPL活性的手性碳点，主要有两种方法：一是利用手性前体直接合成具有CPL活性的手性碳点；二是形成基于手性碳点的复合材料。

5.5.1 由手性前体直接合成具有 CPL 的手性碳点

一般使用手性前体制备的碳点由于手性结构的保留容易表现出明显的CD信号，但CPL不能直接实现。为了实现CPL，大多数研究者都是将手性碳点制备成复合材料。因此，形成复合材料是制备具有CPL活性的手性碳点的主流方法。当然，也有由手性前体直接合成具有CPL的手性碳点的报道。在2022年4月，有研究报道了源自阻转异构体的新型非极性手性碳点的合成，从而使碳点具有固有的CPL[7]。该方法是第一个由手性前体直接合成具有CPL活性的手性碳点的方法。在此之前，所有来自碳点的CPL研究都使用手性基质。作者将（S）/（R）-1,1-联萘-2,2′-二胺、柠檬酸和优化量的苯醌在DMF中混合，并在微波反应器中加热到240℃得到手性碳点复合材料（图5-4）。使用联萘二胺是因为二胺经常作为碳点合成中的掺杂剂，并且萘基可以赋予碳点疏水性，另外轴向手性前体具有很高的热稳定性。使用DMF是因为可以增加阻转异构二胺的溶解性，促进其反应。掺杂1,4-苯醌是因为它可以参与碳点的形成，并且可以在2位和5位作为迈克尔受体的芳香胺反应，促进形成扩展共轭聚合物结构。该研究也证明了工程纳米材料在分子水平上的潜力。该研究为实现手性碳点的CPL提供了一个新颖的方法，并且合成的手性碳点具有良好的加工性和较好的热稳定性。然而，该方法对于手性前体、溶剂和掺杂剂的要求较高，限制较多，所以依旧无法成为主流方法。可以将该策略扩展到非极性溶剂，增多可以使用的掺杂剂，从而拓宽其合成的广泛性。

以上方法所使用的手性前体并不是常用的简单氨基酸，根据先前的所有研究，由简单氨基酸作为手性前体制备的手性碳点，都是没有CPL活性的。然而在2022年11月，人们首次从使用简单氨基酸作为手性试剂合成的碳点中观察到CPL[8]。研究者将柠檬酸分别与半胱氨酸、苏氨酸和谷胱甘肽反应，合成了具有光学活性的CNDs（Cys-CNDs、Thr-CNDs和Glu-CNDs）。柠檬酸作为碳源，在较高温度下进行碳化，手性分子作为手性诱导剂。为了调节CPL信号，研究者进行了进一步的研究。温度依赖性CPL研究表明，Cys-CNDs加热到90℃时，吸收曲线和CD保持不变。但在升高温度时观察到荧光强度的降低，这表明了CPL信号的降低，CPL的热响应性质使它成为各种传感应用的优秀候选者；并且根据一系列的研究进一步证实了这些材料在固体状态下作为有效CPL活性体系的可能性，从而揭示了它们作为手性发光材料的能力，以及在CPL中的潜在应用。无论是在溶液还是固体状态下，该项工作将为研究纳米尺度下的激发态手性开辟新的途径。然而遗憾的是，报道中的CNDs不对称因子（g_{lum}）都较低，Cys-CNDs的g_{lum}为8×10^{-4}和-7×10^{-4}；Thr-CNDs的g_{lum}为-2.1×10^{-4}和2.6×10^{-4}。

关于由手性前体直接合成具有CPL的手性碳点的相关研究目前只有以上两例。虽然方法简单且可以直接得到具有CPL的手性碳点，但是条件较难把控、广泛性不强且g_{lum}较低，所以在没有解决这些问题之前，依旧无法成为主流的方法。

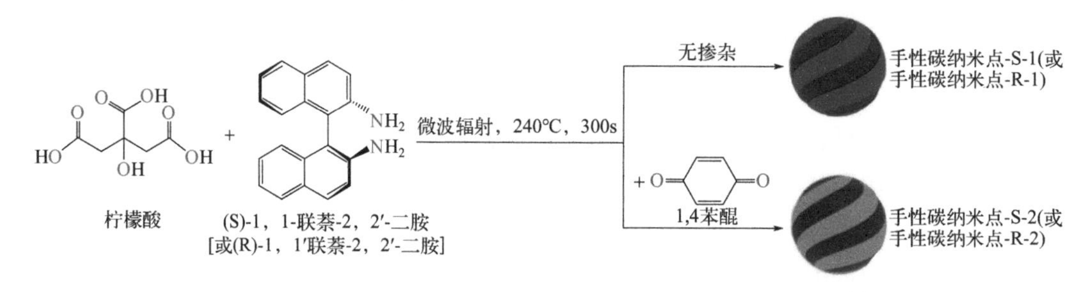

图5-4　由手性前体联萘二胺直接合成具有CPL的手性碳点[7]

5.5.2　基于手性碳点，具有CPL活性的复合材料的合成

以手性碳点作为手性主体或手性模板，设计具有CPL活性的复合材料的相关研究，近年来受到的关注较多。目前，可以进行组装的材料有蛋白质、凝胶、向列相液晶和聚集体诱导发光材料等。已经研究的包含手性碳点的手性复合材料有凝胶、超分子自组装体和钙钛矿等。

对具有CPL活性的手性碳点研究之初，有研究者报道了一种在碳纳米管表面制备N掺杂手性碳点的简便方法：以纤维素纳米晶（CNCs）为碳源和手性底物，在回流条件下合成了N掺杂手性碳点[9]。在该研究中，由于碳点本身的手性诱导和手性性质，使L-CPL发射更强，再加上其细胞相容性，可以有效地用于生物成像，用作生物标记物。该研究主要使用的是水热法，属于手性碳点的合成到基于手性碳点的具有CPL活性的复合材料的合成的过渡性研究。虽然在研究初期体系并不完善，但依旧可以指导后续的研究，具有重大的意义。并且该研究也印证了前文中所说的一旦手性碳点实现了CPL，那么将极大地拓宽手性碳点在各个领域的应用。

卟啉特殊的大环结构决定了卟啉及其衍生物具有良好的电子缓冲、光电磁性和优异的化学光稳定性。研究者采用水热法一步合成了以半胱氨酸为手性前体的手性碳点，所获得的手性碳点可以作为手性模板诱导卟啉形成手性超分子自组装体[10]。手性信息的成功传输为今后各种复合材料的开发和手性信息的保存提供了更多的选择，并且这些复合材料具有CPL活性，最大g_{lum}为-2.38×10^{-3}和1.7×10^{-3}。这也更加拓宽了该体系在材料和生物医药领域的应用前景，也使基于手性碳点的具有CPL活性的复合材料的合成体系更加完善。

实现高效CPL是手性光学领域的热点研究内容，提高不对称因子是目前设计CPL活性材料的首要目标。将两种以上具有高荧光量子产率和手性的纳米材料相结合，为实现高效可调的CPL活性材料提供了可行路径。2021年4月，研究者首先利用常用前体色氨酸和邻苯二胺合成多色发射的手性碳化聚合物点，然后利用超分子自组装法将有机脂质凝胶N,N-双（十八烷基）-D-谷氨酸二酰胺（DGAm）以及其对映体N,N-双（十八烷基）-L-谷氨酸二酰胺（LGAm）与多色手性碳化聚合物点结合制备成复合材料，并且通过调整凝胶中手性碳化聚合物点的混合比例，首次制造出了具有白色CPL的基于手性碳化聚合物点的复合材料[11]。具有白色CPL活性的材料在显示器、照明设备和探针中具有潜在的应用，并且是发光材料研究领域中一个重要的课题。该策略也为设计功能性手性光学材料提供了通用方法和新见解，且该材料的g_{lum}高达1×10^{-2}和-1×10^{-2}，远大于其他无机量子点共组装系统。

到此，碳点已经作为首选的发光体与各种手性模板主体共同组装，如纤维素纳米晶、手性谷氨酸和丙氨酸衍生的凝胶剂，形成的复合材料表现出极好的CPL特性，并已被用于光学器件和光学成像等。然而，上述基于手性碳点的CPL活性复合材料都需要复杂的合成步骤和漫长的组装过程。更重要的是，一旦组装完成，复合材料的手性取向就完全依赖于模板的手性，无法灵活切换。这些因素都极大地限制了手性碳点复合材料在CPL领域的更广泛应用。基于此，2022年11月，报道了使用一步微波辅助方法直接制备了具有CPL活性的碳点复合G-四分体水凝胶的研究，其螺旋手性结构和CPL方向可以在左手和右手之间来回切换[12]。该方法无需任何烦琐的制备和复配，以鸟苷5-单磷酸（GMP）为前体的简单一步微波照射直接合成了碳点复合G-四分体水凝胶（图5-5）。该材料可以用作信息加密的防伪印刷材料，具有优异的热循环稳定性。该研究也揭示了与碳点相关的CPL活性材料的设计和应用方面的巨大潜力。但是，对于碳点和G-四分体水凝胶的自组装，其手性结构和CPL性质并不明确。

综上所述，手性模板组装方法是指先合成CCDs，然后用超分子自组装法将蛋白质、凝胶、聚集诱导发光材料、向列相液晶等与CCDs结合，从而制备成具有CPL活性的手性复合材料。

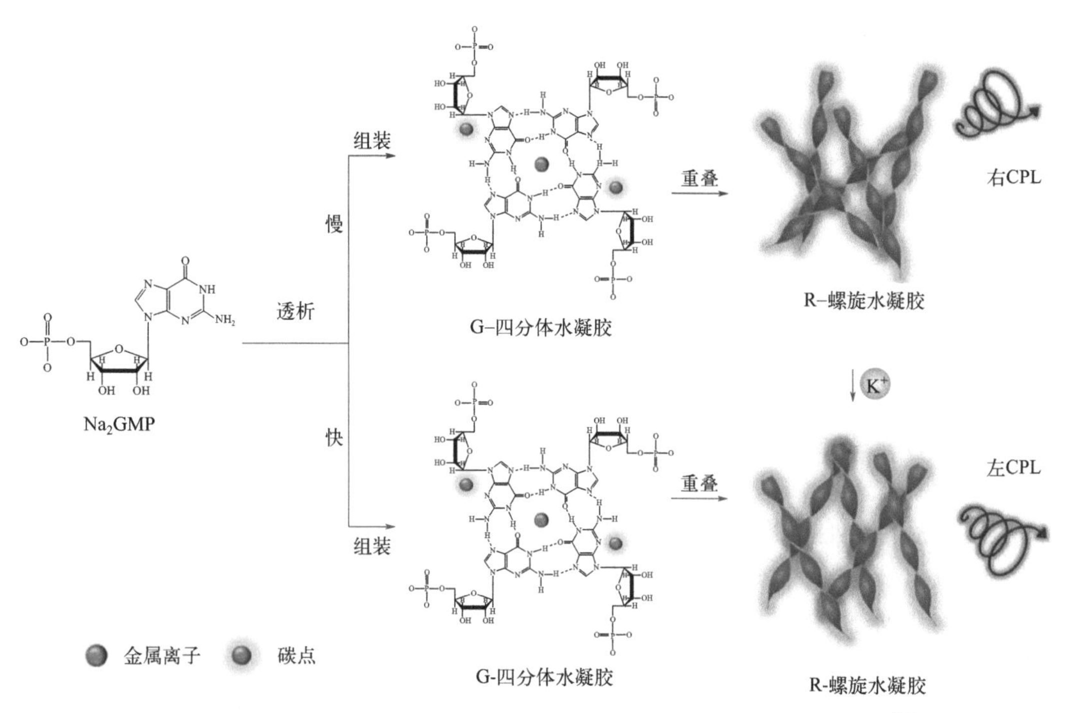

图5-5 手性模板组装法合成基于手性碳点的具有CPL活性的复合材料[12]

除了用手性模板进行组装形成复合材料之外，还可以利用“主体-客体”的形式制备基于手性碳点的具有CPL活性的复合材料。比如在有的研究工作中，非手性的发光中心（钙钛矿纳米晶）为客体，通过与手性主体（手性碳点）结合，表现出内源手性（或以形成化学键的方式诱导手性），使“主体-客体”分子具有CPL活性。一般赋予钙钛矿纳米晶手性的方法会对原始钙钛矿纳米晶的光学性质产生负面的影响。因此，将手性碳点引入钙钛矿纳米晶，将展现出互补的优势，从而解决目前手性钙钛矿纳米晶所面临的问题。

金属卤化物钙钛矿的结构通式为ABX_3，将手性卤化物钙钛矿分为两类，其中一类是手性全无机钙钛矿，即A位是Cs^+。这类钙钛矿可以将手性配体通过化学键结合到表面诱导手性。其中，可以通过一锅法在ABX_3合成过程中将手性配体一起加入到反应介质中；或者通过配体交换的方式，先制备ABX_3纳米晶，使手性配体与ABX_3纳米晶结合进而使ABX_3纳米晶具有手性。而具有手性的钙钛矿纳米晶具有CPL活性。根据此方法，将手性配体换成手性碳点，以此制备具有CPL的手性碳点复合材料。2022年12月，有研究者在钙钛矿材料上引入手性，为制备具有优异光学性能的新型手性材料提供了前所未有的见解[13]。用水热法制备的手性碳点是一种新型的碳化纳米材料。将碳点与钙钛矿纳米晶结合，设计出了具有高荧光量子产率和CPL特性的手性发光材料。研究者以丝氨酸为手性前体，在140℃下加热7h水热合成手性碳点，然后在室温下将CsBr和$PbBr_2$溶解在DMF中。将手性碳点溶于120μL水中，加入喹乙醇，充分搅拌，然后将其与之前的溶液混合注入甲苯中，得到结合了手性碳点的钙钛矿纳米晶，然后进行阴离子交换，获得所需的发射颜色（图5-6），最终证明手性碳点和钙钛矿纳米晶成功结合，且手性碳点是诱导CPL的唯一来源。另外，该复合材料的CPL系统可以扩展到整个可见光范围，这在手性钙钛矿领域比较罕见。

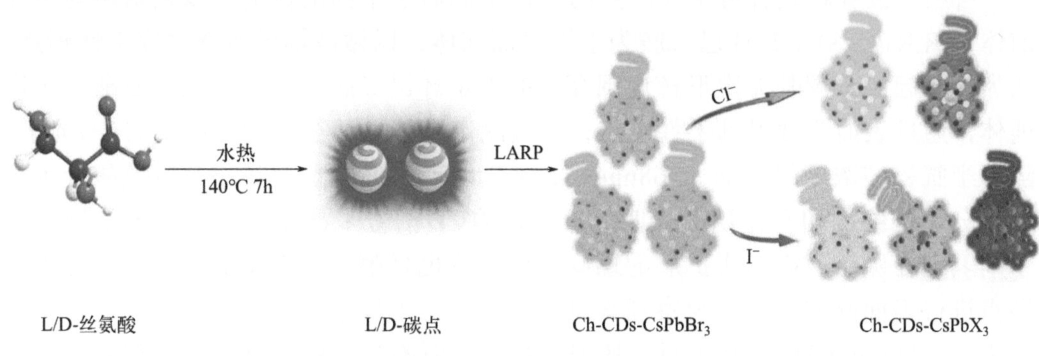

图5-6 “主体-客体”的形式制备基于手性碳点的具有CPL活性的复合材料[13]

以上为目前研究基于手性碳点的复合材料的前沿，所设计出的复合材料极大地提升了手性碳点的性能，并且因为该研究赋予手性碳点CPL活性，也极大地拓宽了其在各个领域的应用。该课题也是一个重要的课题，为激发手性碳点的潜在应用提供了非常重要的参考。但是，该类研究目前还有一定的局限性，对于基于手性碳点的复合材料，并没有形成通用且系统的制备方法，并且对于该类材料的具体结构和CPL性质，没有一个明确的解释。这些都限制了该类复合材料的研究成为一个完整的体系。所以，解释具有CPL活性的手性碳点的机理具有重要的意义，可以推动该类研究的进展。

5.6 手性碳点的机理探究

对于手性碳点的合成，还有继续探索的空间，以便于进一步优化合成条件、减少合成污染和简化合成步骤。解释手性碳点的结构、形成过程、手性来源和手性演变，将有效指导手性碳点的合成。

5.6.1 手性碳点的手性来源

自2016年第一次合成手性碳点，大多数研究者只探究了其手性来源，并且说法都较为统一，即手性碳点的手性一部分来自于其手性前体的手性保留，另一部分来自于sp^{2}杂化碳网络的π-π^*共轭。例如利用水热法以常用的手性前体半胱氨酸、谷氨酸和天冬氨酸制备的手性碳点，其212nm、218nm和224nm左右的CD信号分别来自于半胱氨酸、谷氨酸和天冬氨酸的手性保留，240nm左右的CD信号均来自于手性碳点sp^2杂化碳网络的π-π^*共轭。类似于这些研究，研究的侧重点都不在手性碳点的手性来源上，所以对其只做了较为模糊的报道，并没有细致地去证明。

当然，也有研究者对手性碳点的手性来源做了不同的探究：以精氨酸为手性前体，(R,R)/(S,S)-1,2-环己二胺为手性表面前体，以微波辅助水热合成手性碳点，认为手性起源于羰基无定形核周围存在的大量环己二胺部分。以半胱氨酸为手性前体，通过表面改性得到手性碳点，通过测定半胱氨酸在不同浓度下的CD光谱，随着半胱氨酸浓度的增加，268nm处的谱带出现，证明了聚集态半胱氨酸分子手性超分子网络的相互作用，表明268nm处的CD信号来源于半胱氨酸分子通过分子间氢键在碳点表面形成扩展的螺旋网络，这也是第一次在室温下用手性分子对碳点进行表面修饰，从而观察到来自碳点核心的手性信号。根据量子化学计算结果表明L/D-Gln-CDs的手性源于其表面基团，而不是碳核，这是由于相邻的羰基肽在碳点上的堆叠；使用一步法生产的手性碳点的手性来自其表面上的手性残基以及碳核合成中涉及的手性化合物；利用L/D-谷氨酸（L/D-Glu）合成手性碳点（L/D-Glu-CDs）后，发现L型手性保留，D型手性反转，初步推测是反应温度所致，之后发现加替沙星（GAT）可以扩增手性碳点的手性，并且发现对L型和D型的反应完全不同，意味着它们的手性来源不同。经过实验推测，L-Glu-CDs的表面氨基氮保留了更多的手性源的空间结构，因此L-Glu-CDs的CD信号与L-Glu的一致。以上这些报道，既提出了手性碳点的手性来源，也对其做了一定的解释和证明，但是都没有系统性地对比和探究手性的来源，没有形成一个较为完整的结论。

目前，对手性碳点手性来源解释较为完整的报道是研究者使用常用前体柠檬酸和乙二胺，并添加四种不同的手性分子（半胱氨酸、谷胱甘肽、苯甘氨酸和色氨酸）制备手性碳点，探究出较短波长下（200～300nm）的CD信号来自于手性前体的遗传，并利用CDs-Cys的光学响应进行理论建模，最终得到手性碳点较长波长的手性信号来自于手性发色团与碳点结构内形成的不同构型PAH（共价连接到一个/两个L-半胱氨酸的多环芳烃）聚集体（二聚体，包括碳点的手性核）的相互作用[14]。结合以上的报道，对手性碳点的手性来源已经有了一个较为完整的结论。

5.6.2 手性碳点的形成机制和手性演化

对于手性碳点的形成机制和手性演化的探究并不多。在2017年以前，利用半胱氨酸在电化学过程中制备手性碳点时，手性碳点可能的形成机制是半胱氨酸首先聚合，然后生长形成碳核。随后，随着反应时间的延长，碳核在碳点中形成纳米晶。在2017年，有研究者探究了在电化学过程中不同时间制备的手性碳点的形成机理。他们推测，在电解开始时，半胱氨酸逐渐聚合形成π-π^*共轭，在这种情况下，约248nm处出现一个新的CD峰。随着电解时间的延长，S—S键的产生可能诱导空间构型，使293nm处出现信号，这与蛋白质二硫键相似。但是，在电解时间较长的情况下，伴随着293nm处CD峰的消失，S—S键被进一步氧化为C—SO_x—C。同时，Cys在215nm处保留的信号变弱，这可能是由于电化学过程中原有的官能团耗尽所致。当反应时间延长到168h时，碳点的手性消失可能与电化学过程中手性核的消失有关[15]。

2019年，研究者研究了以色氨酸为手性源和碳源，用水热法制备的手性碳点，解释了手性碳点的形成过程，并且进一步证明了手性环境也可以诱导手性信号[16]。色氨酸在水热、高压和碱性条件下与水分解生成吲哚和丙氨酸，生成的吲哚主要参与碳核的形成，丙氨酸发生分子内或分子间脱水聚合，然后碳化形成手性碳点。研究者发现，当只有吲哚参与反应时，由于原料本身没有手性，产物没有手性。然而，当只有丙氨酸是反应物时，产物上出现手性环境。当吲哚和丙氨酸同时存在时，除了原有的手性之外，在375nm处出现了另一个手性信号，这显然是由于非手性发色基团的畸变和手性环境致使手性产生。由于产物是由丙氨酸和吲哚制备的，这与通过丙氨酸合成手性碳点不同，新的手性信号偏离290 ～ 375nm，这也进一步解释了手性环境的诱导作用，即在手性碳点的合成过程中，手性环境诱导了290nm附近的CD信号。

2021年，研究者在室温下利用自由基辅助合成的手性碳点探究了手性碳点的形成机制及手性演化，认识到自由基抽氢反应在碳点形成过程中的重要作用，并且详细分析了合成过程中光学手性的演变，并将这一特征与纳米材料的形成机制联系起来，为手性碳点的起源和结构提供了重要的证据[4]。作者介绍了之前研究者报道的半胱氨酸自氧化的两个阶段，阶段一是自氧化过程中仍存在游离半胱氨酸在溶液中参与与金属结合，此阶段的耗氧量可能与半胱氨酸氧化成胱氨酸有关，羟基自由基浓度仍然很低；阶段二是溶液中不再有半胱氨酸，因为半胱氨酸转化为磺酸和亚磺酸，反应活性随着羟基自由基的增加而增加，耗氧量增加。同时，作者介绍了碱性条件下铜参与的催化氧化，识别出了过程中的基本中间体（330化合物），该化合物在氧气存在时是稳定的，并且其在溶液中的浓度保持恒定，直到所有的游离半胱氨酸都被消耗掉。基于此，作者提出一个电子从硫醇转移到氧分子可能发生在两个不同的步骤中：第一步，从半胱氨酸到Cu（Ⅱ），形成硫自由基和还原形式的金属；第二步，从Cu（Ⅰ）到氧，形成超氧化合物自由基离子和金属中心的氧化。由于在碱性溶液中第二步比第一步快，所以观察到的铜处于Cu（Ⅱ）状态。以上这些解释了铜催化下，自由基辅助合成手性碳点过程中手性前体半胱氨酸的变化。作者也解释了碳点的形成过程：Cu（Ⅱ）催化下半胱氨酸自氧化形成几种自由基活性物质，例如RSS（硫自由基和二硫化物自由基阴离子）和ROS（O^{2-}、HO·、HOO·和

H_2O_2）。分析上述产物，观察到亚砜和共轭结构的形成，这些结构的形成可能与在催化循环中产生的几种自由基物质的作用有关，这些结构可以参与碳点的形成过程。pH依赖性支持了硫基和碳中心自由基之间的平衡可能在碳点形成过程中起基本作用的假设。除此之外，作者在不同反应时间收集反应物，并通过其ECD光谱来研究半胱氨酸分解期间手性的演变，最终得到结论：通过自由基辅助分解制备的基于半胱氨酸的手性碳点的手性来自于半胱氨酸分子或半胱氨酸衍生物（酰胺、二硫化物或磺酸）通过酰胺键连接到纳米粒子的外壳上。

2022年8月，研究者以丝氨酸对映体为原料，通过电化学聚合方法制备了手性碳点，并且提出了手性碳点的结构以及形成过程[17]。作者认为，手性碳点的形成可通过四步电聚合反应实现，即吸附、电氧化、聚合和链增长。其中，丝氨酸的电氧化是决定其手性的关键步骤。除此之外，根据多环二肽一级结构的理论计算得到了手性碳点中的环二肽结构单元和两条相邻链之间的距离，验证了手性碳点的空间结构，从透视图来看，手性碳点链的轻微位错和倾斜排列使其具有螺旋位错结构，这导致HRTEM图像中出现莫尔条纹和倾斜角；从顶视图看，D-碳点和L-碳点显示相同的六边形对称性。以上结果表明，手性碳点由环二肽单元组成，具有明确的多环二肽一级结构和六方对称的螺旋位错结构。该研究为手性碳点的空间结构和定量结构-性质关系做了一个较为清楚的证明。

2022年11月，研究者用核壳模型解释手性演化，认为碳点由非手性碳核组成，碳核被包裹在无定形壳中，无定形壳包括荧光团和具有丰富杂原子的共轭结构。该结构的手性特性可归因于包含未分解氨基酸或其衍生物（通过酰胺键链接）的外壳。外壳中手性残基和非手性荧光团单元之间的电子结构杂化可导致碳点中手性杂化状态的产生[8]。反应条件的变化将主要影响外壳，从而影响纳米系统的旋光性。在碳点的合成过程中，随着反应时间、温度的增加，手性的损失支持了该假设。旋光性随着反应温度（或时间）的增加而降低表明手性衍生物通过破坏手性结构并随后结合到中心碳核中而经历更高程度的碳化。结果表明，前驱体的选择和反应条件的优化对形成具有高效发光各向异性的碳核至关重要。因此，这些研究为开发羰基纳米系统实现高效手性发光开辟了新的途径。

综上，从2017年至今，关于手性碳点形成机制和手性演化的解释不断地在完善，陆续得到了以上结论。通过归纳总结，可以得出手性碳点的形成机制、结构以及手性演化。但是每个阶段的解释都有很大的差异，无法形成一个完整的体系。并且以上研究都是根据结果推测和反演形成过程和手性演化，因此也没有办法为通用的手性碳点合成方法提供理论支撑从而指引手性碳点制备及应用的方向。当然，仅凭少量的相关研究无法完美地解释该问题，最终的理论支撑会出现在大量具有重要成就的相关文献的归纳总结中，所以在此简要展示具有一定影响力的相关机理探究，以便为之后进一步解释手性碳点的结构、性质的机理和调控提供参考。如图5-7所示。

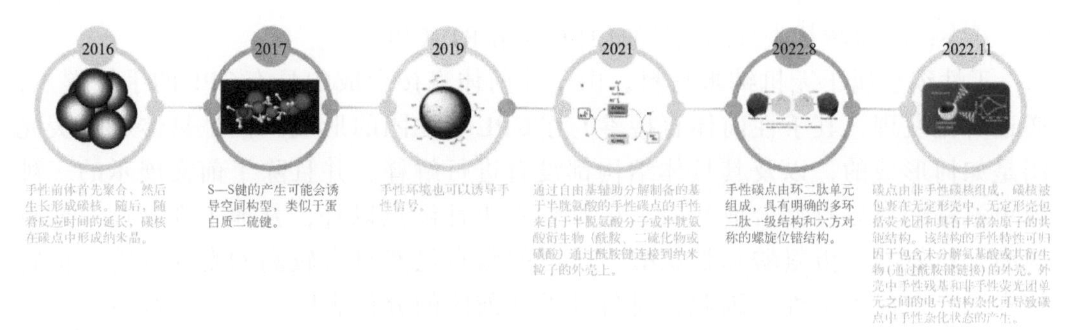

图5-7　手性碳点的形成机制和手性演化

5.6.3　合成具有 CPL 活性的手性碳点的机理探究

通过采用手性配体对无机纳米材料的表面进行修饰或将无机纳米材料与手性模板进行自组装获得的手性结构，可以与光子强烈作用，引起偏振态的改变，产生CPL。

根据发射原理，将纳米材料发射的CPL分为圆偏振荧光和圆偏振散射。手性无机硫族半导体纳米材料、手性金属团簇、手性钙钛矿和手性镧系配合物产生的CPL主要源于圆偏振荧光，这些类型的光学介质均匀地分散在溶剂或薄膜中。而手性复合材料的CPL通常源于圆偏振散射，这主要归因于这类材料的尺寸效应。一般而言，主要通过两种方式构建CPL体系：第一种是利用具有内源发光性质的手性分子，例如有机小分子、金属配合物和超分子化合物；第二种是“主体-客体”的形式，即发光中心是非手性的，通过与手性主体结合，表现出内源手性或以形成化学键的方式诱导手性，使“主体-客体”分子具有CPL活性（图5-8）。虽然圆偏振荧光和圆偏振散射的原理不同，但都是用CPL来进行量化的，CPL的不对称因子g_{lum}可以用式（5-1）表示：

$$g_{lum} = \frac{IL - IR}{\frac{1}{2}(IL + IR)} \tag{5-1}$$

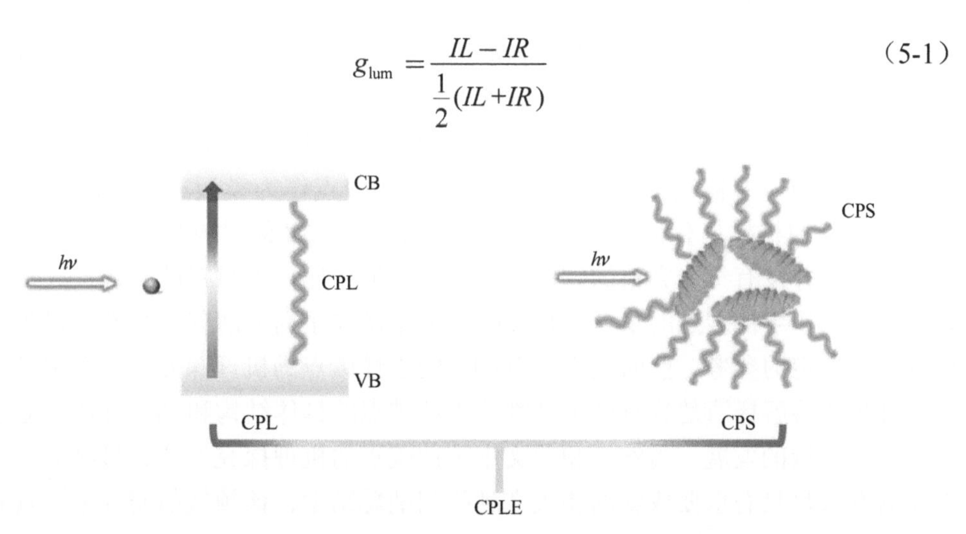

图5-8　CPL（左）和 CPS（右）的物理机制示意图[18]

式中，*IL*和*IR*代表分别测量的LH-CPL和RH-CPL。

手性碳点属于无机纳米材料。由手性前体直接合成的具有CPL的手性碳点，通过对比发现，其手性前体直接参与了CPL荧光团的形成。但是具体CPL荧光团是如何形成的，以及其具体结构都没有进行解释。并且除了前文展示的三种简单氨基酸可以直接合成具有CPL活性的手性碳点以外，其他手性前体（如赖氨酸、丝氨酸、蛋氨酸和胱氨酸）合成的碳点虽然具有较高的发光性能，但它们在激发态时无手性。因此，对各种手性前体的分析表明，结构参数对CPL形成至关重要。如果能够解释清楚其形成机理和具体结构，将有效地指导该类合成方法。

由手性模板组装或由手性主体-荧光客体形式得到的复合材料，其CPL来自于发光材料的荧光光谱与手性成分的CD光谱的波长重叠。例如以纤维素纳米晶为手性底物得到的手性碳点，其CPL通过叠加碳点的PL带和Ch-CNCs主体的光子带隙来实现。有人认为发光体和不对称环境是实现CPL的基本要素，卟啉在手性环境中组装，实现了手性转移和放大。有研究者利用手性碳点和胶凝剂的分解状态研究了共凝胶体系诱导CPL的机理，发现手性碳点通过静电相互作用沿着手性纳米管组装是诱导CPL的关键。

由“主体-客体”形式合成的复合材料（Ch-CDs-$CsPbBr_3$），当碳点无法激发时（激发波长280 nm），Ch-CDs-$CsPbBr_3$无CPL信号。当激发波长从300 nm增加到340 nm（接近Ch-CDs的最佳激发波长）时，钙钛矿逐渐显示CPL信号。这表明Ch-CDs-$CsPbBr_3$样品中激发态碳点对CPL的实现起了一定的作用，并且在Ch-CDs和$CsPbBr_3$纳米晶之间可能存在电荷转移。为了探索Ch-CDs-$CsPbBr_3$的CPL是否仅由Ch-CDs诱导，在相同的制备条件下仅使用Ser对映体制备L/D-Ser-$CsPbBr_3$。L/D-Ser-$CsPbBr_3$仅具有短波长的CD信号，而不具有CPL信号。这表明Ch-CDs是诱导CPL的唯一来源。

CCDs作为一种新型的零维聚合物/碳杂化纳米材料，既继承了传统CDs的优良光学特性，又具有聚合物的性质。这种聚合物壳/碳核杂化结构赋予了CCDs一种特殊的光致发光机理。与其他手性纳米材料相比，CCDs具有合成方便、成本低、在水中溶解性好、带隙可调等优点。所以以手性碳点作为模板或者手性主体制备具有CPL活性的材料具有较大的优势。然而，CCDs与其他材料复合或者与客体结合的机理目前并没有一个完整的解释，无法有效地指导该类材料的合成。大多数研究者仅仅对基于手性碳点的复合材料中的CPL来源作了简要解释，虽然可以为后续的研究提供一定的参考，然而关于具有CPL的手性碳点的机理探究，还有很长的路要走。如果能够解释清楚具有CPL活性的手性碳点的具体结构和CPL性质，必将极大地促进该领域的发展。当然，和前文中手性碳点的机理探究类似，最终的理论支撑会出现在大量具有重要成就的相关文献的归纳总结中，该领域的研究依旧具有巨大的潜力。

5.7 手性碳点的新兴应用

CPL拓宽了手性碳点在各个领域的应用前景，而手性碳点本身因为其突出的光学特性、低毒性和良好的生物相容性，使其在手性识别、生物成像和生物医学等方面也有巨大的应用潜力，同样是一个重要的研究课题。

5.7.1 手性识别

手性是自然界中广泛存在的现象，手性对映异构体的生物活性往往有所差异甚至完全相反，如β受体阻断剂普萘洛尔、多巴和沙利度氨等手性药物在人体内的药理活性、代谢过程及毒性上存在显著的差异；另一方面，手性对映异构体又具有极其相似的物理化学性质，使其识别分离具有一定难度。另外，所有天然存在的氨基酸均以L-型和D-型两种异构体形式存在。只有L-氨基酸是生物体的必需组成部分，在生命活动中起着非常重要的作用。而D-氨基酸可能显示毒性或代谢异常。综上，手性识别是化学、生物学和制药学的基础和关键，在临床诊断和治疗中有着很高的需求。如图5-9所示。

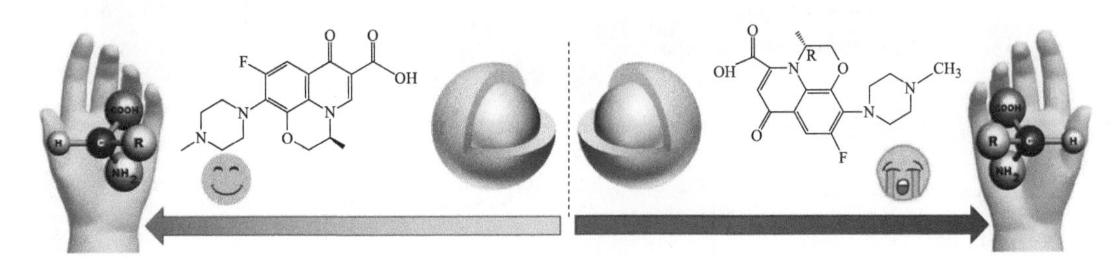

图5-9 大多不同构型的手性物质往往具有显著的差异

手性碳点由于其稳定性强、灵敏度高和细胞相容性好，在对映体识别和离子检测中具有巨大的应用潜力。2020年5月，研究者由Ca和L-天冬氨酸合成的手性碳点中检测出高浓度的Sn^{2+}和L-赖氨酸，现在已成功应用于细胞内Sn^{2+}检测和L-赖氨酸的手性识别。该研究显示了手性碳点在手性识别和临床诊断方面的巨大潜力[19]。

当然，对于检测来说，色谱分离法的准确度更高，但是检测耗时长，需要用到有机溶剂或气体，增加了检测的成本。而对映选择性识别具有灵敏度高，操作过程简单等优点，越来越多地应用于手性识别（图5-10）。不过在所有的手性氨基酸中，只有少数氨基酸实现了手性碳点的对映选择性识别。直到2021年9月，有研究者开发了一种基于手性碳点的对异亮氨酸对映异构体的手性荧光识别的方法[2]。该方法在实时快速检测L-异亮氨酸方面具有很大的应用前景。检测结果与高效液相色谱结果一致，且该方法相比于液相色谱法更加简单，并且不需要其他指示剂。但是应用的广泛性不及液相色谱法，所以开发基于手性碳点的氨基酸手性识别系统仍有广阔的空间。

除了对于离子和氨基酸的检测和识别，手性碳点也可作为荧光探针对药物进行手性荧光识别。基于手性碳点的荧光探针具有灵敏度高、选择性好等特点。2022年5月，有研究者构建了一种基于手性碳点-Cu（Ⅱ）体系的手性荧光探针，该探针具有高的光稳定性和灵敏度，在加替沙星（GAT）检测中表现出荧光和CD光谱双重响应[20]。由此也可以看出，手性碳点作为新型的手性功能材料，具有巨大的应用潜力。但是除此之外，手性碳点很少应用于比率荧光检测，所以进一步拓宽手性碳点的应用仍然具有非常重要的意义。

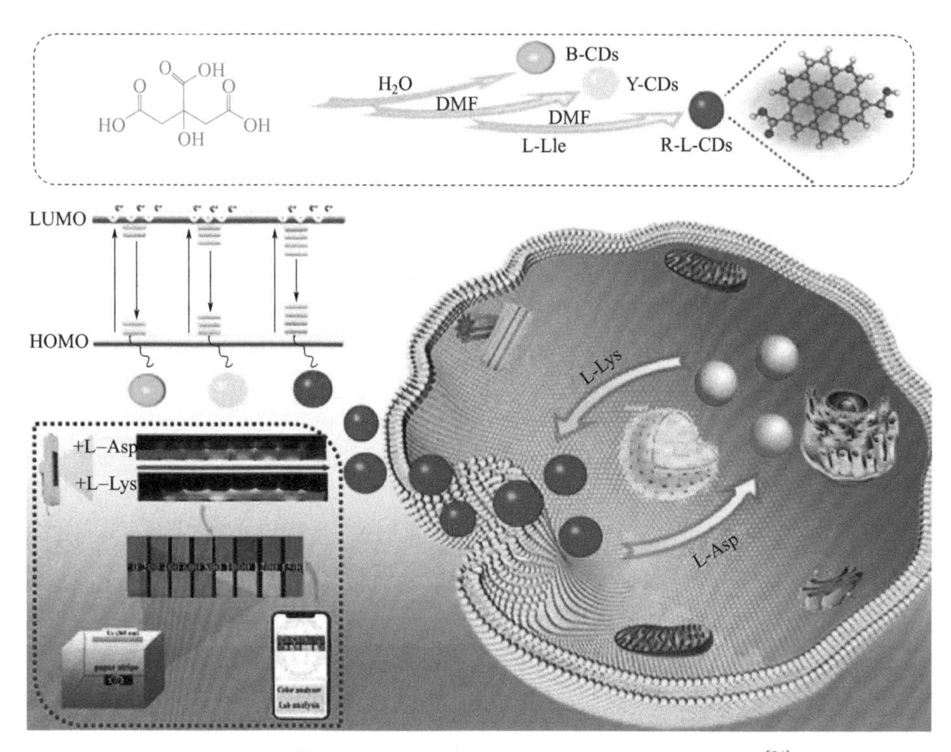

图5-10 手性碳点对L-天冬氨酸和L-赖氨酸的手性识别[21]

5.7.2 手性催化

不对称催化合成只需要少量的手性催化剂就可以将大量的手性前体转化为手性产物，是获得纯手性物质最有效的途径之一。一般来说，成功的不对称催化反应通常是均相催化，均相催化中，催化剂均匀地分散在反应体系中，有利于提高催化剂的催化活性，但是反应后不易从反应混合物中分离，因此，难以回收昂贵的手性催化剂，增加了生产成本，并且物质的纯度受催化剂的影响。2019年，初步证明了使用碳点作为催化剂载体的可行性和使用手性碳点进行不对称催化的可能性。但传统的共价键负载的方法存在操作复杂、耗时长等缺点。2021年3月，研究者用一步法制备的手性碳点对对映选择性直接羟醛缩合反应具有高的不对称催化活性，该研究为制备多相手性催化剂开辟了一条新的途径[22]。在此基础上，2022年8月，研究者制备的手性碳点对多巴胺（DOPA）对映体的氧化也表现出对映选择性催化活性，并且比天然酶具有更高的稳定性。该研究为生物科学和生物技术研究提供了强大的手性材料平台[17]。

以上是基于手性碳点的催化体系，有许多的优点。酶是非常有效和具有高选择性的天然催化剂。如果能将两者结合，将会综合目前典型催化剂的各种优点，是一种理想的催化体系。纳米杂化酶就是这样一个集生物催化和纳米催化为一体的理想催化体系。2021年12月，研究者制备了一系列碳点/酪氨酸酶复合物（即纳米杂化酶），显示了良好的酶催化动力学调节作用[23]。该研究不仅为生物催化剂的手性调控提供了独特的途径，还为赋予天然酶人工功能域开辟了道路。但是，在该研究中杂化酶的催化能力并没有得到明显的提高，因此，纳米杂化酶催化体系在更好的应用方面还面临着更多的挑战。手性碳点与其他酶的催化能力，以及碳点的大小和官能团对酶复合物的影响都需要深入研究。

5.7.3 生物医药

开发用于诊断治疗的纳米材料是一项紧迫的任务，理想的候选物应该作为疾病早期诊断的标记物并具有治疗效果，并且它们的结构参数和物理化学性质应该能被有效调节。手性碳点由于其低毒性和良好的生物相容性，在生物医药领域具有非常大的应用潜力。但是在2018年之前，在基于手性碳点的前提下，手性纳米材料生物相互作用几乎没有报道。通过回顾先前研究发现，虽然手性碳点在兼顾了半导体量子点优势的情况下还避免了毒性等限制，但是其分离纯化程序复杂，在生物成像和纳米医药等领域真正超越半导体量子点之前，需要解决水中溶解度差、荧光量子产率低和功能化困难等问题。2018年，有人制备了以半胱氨酸为手性前体的手性N-S掺杂碳点，光致发光量子产率远高于大多数报道的碳点，在水中的溶解度强，表面有许多氨基和羧基可以进一步功能化，并且该过程不涉及任何有机试剂或复杂的分离程序[24]。该研究中的L-碳点对人体膀胱癌T24细胞的糖酵解具有上调作用，但不影响T24细胞的细胞ATP水平。而这，也正式拉开了手性碳点在生物医药领域应用的序幕。

随着手性碳点在疾病治疗中得到越来越多的关注，发现碳点对于疾病的治疗情况很大程度上取决于其结构，但是，在2019年以前的报告中，具有目标旋光活性的手性碳点必须由相应旋光的前体合成，这严重限制了手性碳点的应用。为了拓宽手性碳点在生物医药领域的应用，2019年5月，研究者制备出旋光度与前体相反的手性碳点，并且它们的手性可以通过简单地调整反应时间来调节。还开发了手性碳点作为控制血糖水平的抗高血糖疗法[3]。

当然，手性碳点的应用不止于此。酶是生命不可缺少的核心物质，在生物体内，酶发挥着非常广泛的功能。手性碳点和酶的组合，将会碰撞出不一样的火花，极大地促进手性碳点在生物医学领域的潜在应用。2020年3月，研究者制备的手性碳点可以代替天然拓扑异构酶Ⅰ，以对映选择性介导超螺旋DNA的拓扑重排（图5-11）。该工作证明了手性碳点的酶对映选择性，并且拓扑异构酶Ⅰ模拟活性将使基因操作和蛋白质工程等重要而有前途的应用成为可能[25]。酶作为功能性蛋白，它的稳定性和膜不透性都一般，将其修饰后还会降低酶的活性，这些都在一定程度上限制了它在生物医药方面的应用。因此，开发具有高酶活性，良好稳定性和细胞渗透性的稳定纳米反应器是必不可少的。2021年12月，研究者利用手性碳点作为载体构建了手性碳点-葡萄糖氧化酶纳米反应器（L/DGOx），L/DGOx可以显著增强GOx的活性，提高GOx向癌细胞的有效递送[26]。该研究为制备用于肿瘤治疗的手性碳点-酶纳米反应器提供了一个持久的平台。

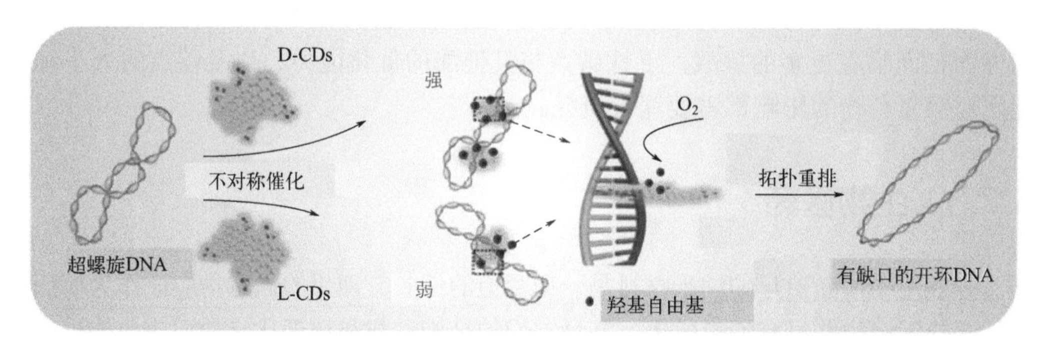

图5-11　手性碳点可以代替天然拓扑异构酶Ⅰ，以对映选择性介导超螺旋DNA的拓扑重排[25]

人胰岛淀粉样多肽(HIAPP)的纤维化和沉积是2型糖尿病（T2DM）的病理标志。目前，通过纳米颗粒辅助抑制剂阻止淀粉样蛋白聚集的策略只能将纤维化淀粉样蛋白分解成毒性更强的低聚物或原纤维。2023年1月，研究者制备的手性碳点，可以作为纤溶酶的纤溶活性调节剂，将HIAPP切割成无毒的多肽或更小的氨基酸片段，从而减轻由HIAPP的纤维化淀粉样蛋白诱导的细胞毒性[27]。该研究为淀粉样蛋白相关疾病的研究提供了广阔的平台。以上这些，都是手性碳点与酶碰撞出的璀璨火花，指出了手性碳点在生物医药领域应用的广阔前景。

手性碳点确实被证明在生物医药中非常有用，也会带来新的医学治疗方法。但是，这些研究仍然无法在现实世界中有效应用，需要进一步完善和扩展才能实现在现实世界中应用。除此之外，在未来的研究中，对于有前景的人工功能领域应该投入更多的关注。

5.7.4　抗菌性能

因为手性碳点在制备过程中，仅使用生物分子作为试剂，在相转移中省略了有机溶剂，所以手性碳点拥有低毒性和良好的生物相容性，这就奠定了手性碳点在生物领域方面的应用。而抗菌作为生物领域中非常重要的一部分，具有非常高的研究价值。抗菌是采用化学或物理方法杀灭细菌或妨碍细菌生长繁殖及其活性的过程，使用化学方法时需要用到一些抗菌材料。一般来说手性抗菌材料都比较复杂，而与复杂的抗菌材料相比，手性抗菌CDs具有合成工艺简单、成本低、生物相容性好等优点。然而，手性碳点在抗菌领域的应用研究还很有限。在抗菌领域，更多的研究集中在手性纳米材料的抗菌能力，而不是手性碳点的抗菌能力。到目前为止，公开发表的文献中还没有讨论过手性碳点在抗菌活性方面因手性来源或合成路线不同而引起的差异。此外，抗菌机理的探讨也是抗菌材料研究的关键。有研究者利用普通细菌对制备的手性CDs进行抑菌性能测试，通过酶抑制实验、扫描电镜(SEM)、分子配对等手段探究其抗菌机理（图5-12）[28]。该研究显示，手性碳点在抗菌研究领域具有非常大的潜力，可以作为后续手性碳点应用方面研究的主流方向。

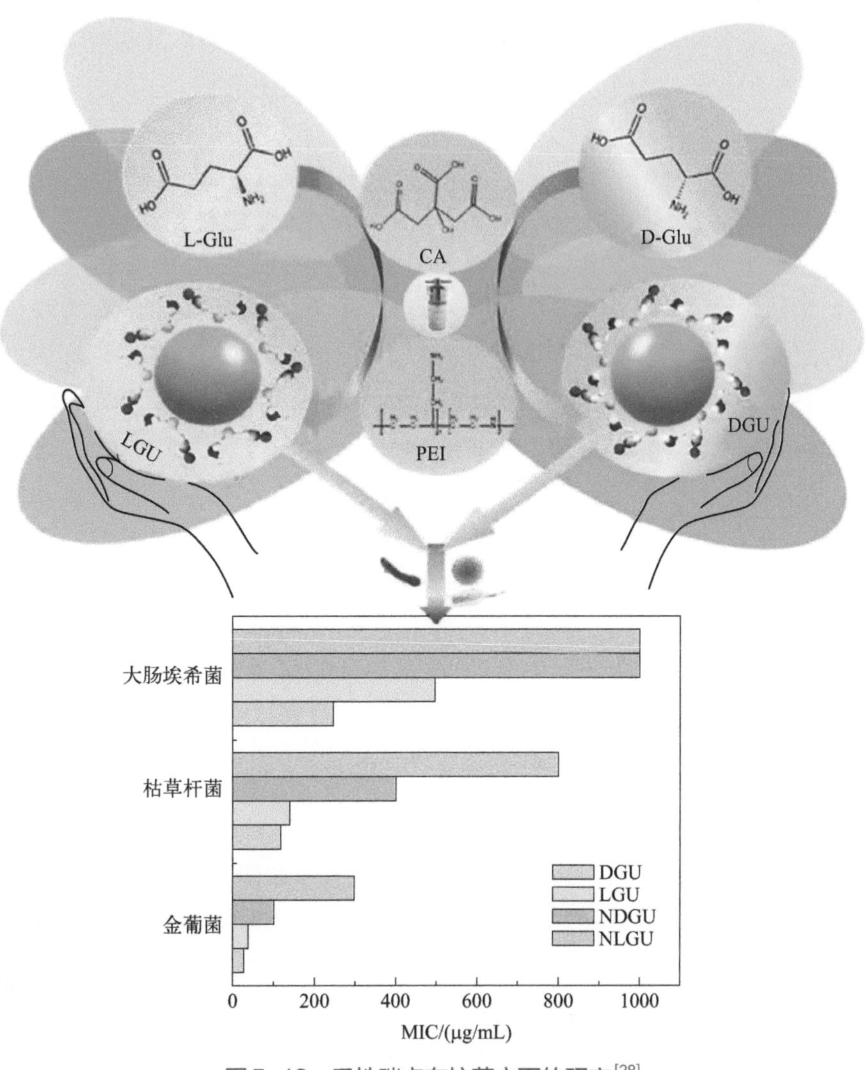

图5-12 手性碳点在抗菌方面的研究[28]

总结

手性对化学、生物和材料科学有着巨大的影响。碳点因其独特的荧光性质、易于功能化和良好的生物相容性在许多领域引起了人们极大的兴趣，而手性将给予碳点更多独特的性质，以扩展其应用方面的前景。因此，手性碳点是一个很有价值的研究课题。本章以时间顺序展示了手性碳点的手性起源、形成机制以及手性演化，旨在为进一步解释手性碳点的结构、性质和机理提供参考。另外，本章介绍了手性碳点的合成方法，并对各种方法进行了大量的对比，希望能为研究者控制反应条件、制备手性碳点提供一定的参考。为了进一步拓宽手性碳点的应用，本章主要介绍了如何合成具有CPL活性的手性碳点以及该类合成方法的机理探究。最后，展示了手性碳点的新应用，为研究者在研究手性碳点的手性识别、手性催化和生物医药方面的应用提供一定的启发。

尽管手性碳点正在快速发展，有了一定的成就，但是手性碳点的研究还是有局限性，处于起步阶段。例如对于手性碳点的形成机制、结构以及手性演化，无法形成一个完整的理论体系，并且也没有办法为通用的手性碳点合成方法提供理论支撑从而指出手性碳点制备及应用的方向。手性碳点合成方法仍然有一定的缺点，后续应该找到更多环境友好且广泛的手性前体，以及能够更精确控制的反应条件，从而更简单、有效地制备出环境友好、性能优异的手性碳点，从而拓宽其在更多领域的应用。目前，基于手性碳点的复合材料是重要且前沿的研究，但是相关报道仍然非常少。该类材料还没有形成一种通用且系统的方式去制备，并且对于该类材料的具体结构和CPL性质，没有一个明确的解释。所以，基于手性碳点的具有CPL活性的复合材料的相关研究，仍然存在巨大的机遇和挑战。手性碳点在手性识别和手性催化方面都有其独特的作用，在之后的研究可以更多地关注手性碳点在有前景的人工功能域方面。除此之外，手性碳点在生物医药方面具有巨大的应用潜力。如果能够使手性碳点在生物医药领域的小范围成果有效地拓展到现实世界中，将会把手性碳点的应用推到一个前所未有的高度。

参考文献

参考文献

作者简介

莫尊理，工学博士，教授（二级），博士生导师，中国仪表功能材料学会理事，第30、31、32届中国化学会化学教育委员会副主任，中国化学会奖励委员会委员，甘肃省科学普及学会理事长，国家核心期刊《化学教育》编委，全国劳模先进材料创新工作室主持人，首批国家一流课程《化学文化学》和第二批国家一流课程《创新创业讲坛》负责人，全国科普创作与产品研发示范团队主持人，教育部万名优秀创新创业导师首批入库专家，教育部国家高等学校评估专家、教育部国家高等职业教育评估专家、高等职业教育国家课程标准研制组核心专家。全国先进工作者（全国劳模），全国优秀教师，全国“党和人民满意的好老师”，全国科普工作先进工作者，获教育部明德教师奖，甘肃省创新创业导师，金城首席科普专家。甘肃省教学名师，甘肃省创新创业教育教学名师，陇原“四有”好老师，甘肃省优秀科技工作者，甘肃省最美人物，两次入选甘肃省优秀博士论文指导教师，西北师范大学优秀研究生导师，西北师范大学“学生最喜爱的老师”。在国内外发表论文260余篇，申请专利110项，获得省部级自然科学奖和教学成果奖10余项，主编、编著出版各类图书31部。任西北师大国家重点实验室（筹）主任，西北师大科普研究院院长，西北师大科协副主席，甘肃省军民融合先进结构材料研究中心主任。

李世晶，西北师范大学在读博士研究生，专业领域为无机化学。致力于新型无机纳米材料的合成与性质研究，主要研究方向为手性碳点的设计、制备、性能及其应用，曾在国内外期刊发表学术论文，具备扎实的学术基础和独立的研究能力，始终保持对新技术的好奇心和探索精神。

Approaching Frontier of New Materials

第6章

热隐身材料

复旦大学物理学系统计物理与复杂系统课题组

6.1 名字的由来

“热隐身”这个中文名字来源于对应的英文词组“thermal cloak”。其实，针对这个英文词组，其对应的中文名字直译过来应该是“热斗篷”，但是考虑到“thermal cloak”与“隐身”密不可分，而“隐身”正是其区别于普通“斗篷”的最大特色，所以中文语境中将其翻译为“热隐身”或“热隐身斗篷”，因为简洁，前者更常见。

6.2 起源及内涵

热隐身这个概念最早被提出，是在2008年[1,2]。当时，有学者参照变换光学，发展了稳态变换热学理论，并在“optical cloak”这个概念的启发之下，提出了“thermal cloak（热隐身）”这个概念，见图6-1。如图6-1中的上图所示，当背景A中的热量从高温边界向低温边界流动时，A中的热流线总是沿着直线传播，即中间斗篷区域B的存在，并不影响A中的热流线分布，就好像中间的区域B和C完全被A中的背景材料填充了一样。此时，如果在C中放任意的物体，其并不会干扰A中的温度场和热流场，换言之，这时通过探测A中的温度场或热流场，并不能推知C中是否隐藏有物体，故C中的物体成功实现了隐身。

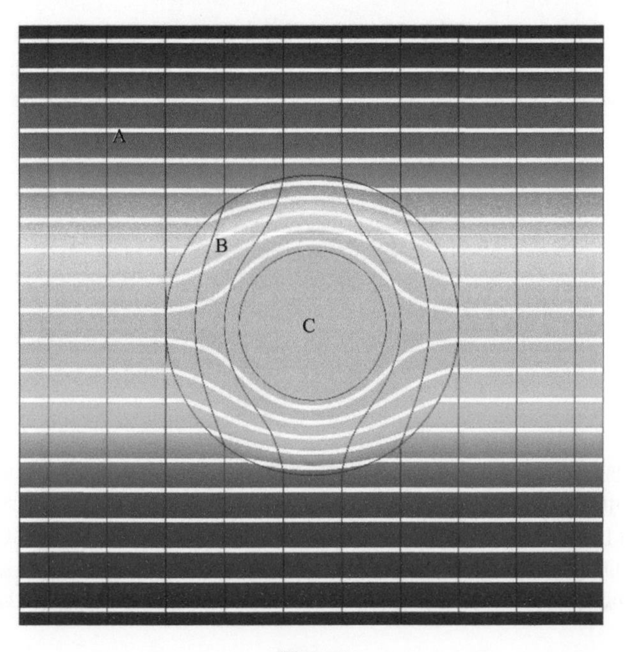

图6-1

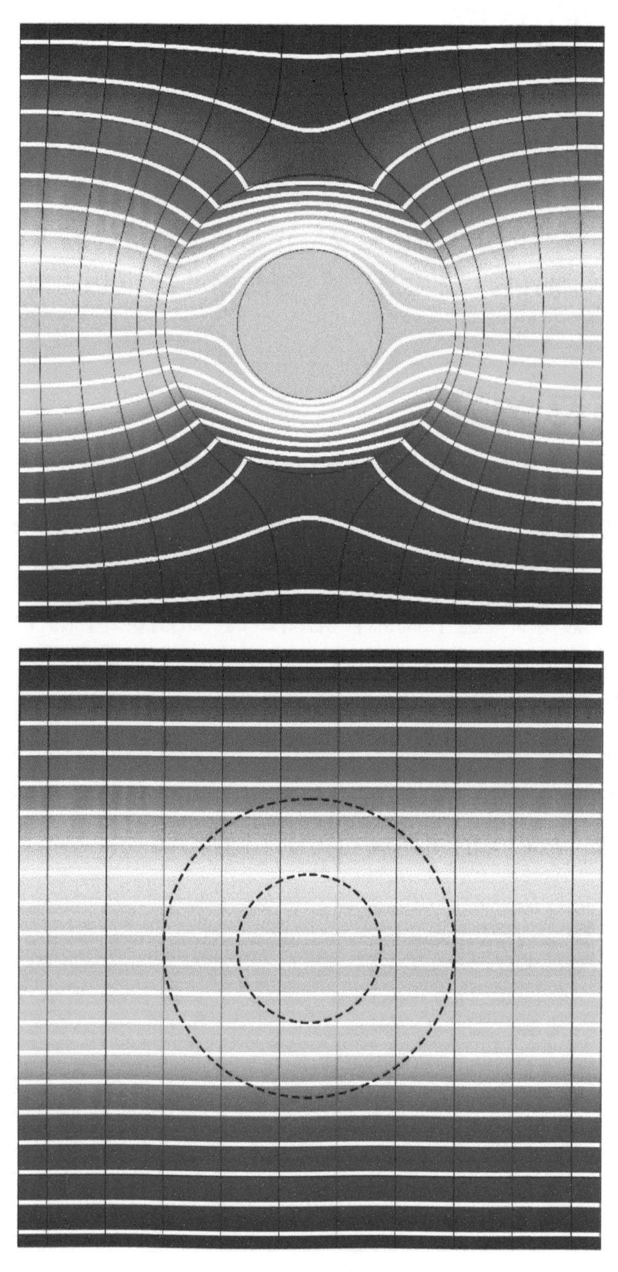

图6-1 示意图

上图（热隐身）：黑色圆环将整个区域分割为A、B、C三个部分，其中A代表背景区域，B代表斗篷区域（各向异性且成梯度分布），C中可放置任意物体。中图：同上图，但将其中的B区域替换为单纯的隔热材料（各向同性且均匀分布）。下图：同上图，但B和C区域均被背景材料填充。图中顶边界和底边界分别代表高低温热源；彩色代表温度分布；水平方向的白色直线或曲线表示等温线；垂直方向的黑色直线或曲线表示热流线。为了呈现区域B和C对A中温度场和热流场的不同影响，上、中、下三图中顶边界和底边界均被设为恒温

2008年之前，研究人员主要针对波动系统研究了各分支领域的类似概念，例如optical cloak, electromagnetic cloak, acoustic cloak等。当时，大家都认识到描述波动系统的波动方程，例如Maxwell方程组、声波方程等，都是能够用变换理论处理的，然而，并没有人意识到描述热、质扩散行为的扩散方程同样可以用变换理论进行处理。事实上，并非所有方程都能够用变换理论直接处理，例如Navier-Stokes方程就是一例。最早的热隐身概念是基于稳态热扩散系统得到的，当时有学者尝试把变换理论用于处理稳态热扩散方程，并取得了成功[1,2]。从这里也可以看出，就数学上来看，从处理波动方程的变换理论，到处理扩散方程的变换理论，中间就隔了一层窗户纸，极其容易。但是，从观念上来看，当时把变换理论从波动方程推广到扩散方程，需要探索的勇气、顽强的毅力和执着的追求——因为有时“观念”就似横亘在科学道路上的一座大山，难以逾越。

6.3 应用价值

热隐身能够用于地下掩体的红外热防护，这是现今领域内众所周知的事实。这个应用，就其重要性而言，若向大处去说，它能够挽救一个国家的命运、能够保护老百姓的生命财产安全，若向小处说，它能够保护地下掩体中设施的安全。下面细述。

2006年optical/electromagnetic cloak横空出世以后，针对各种波动系统中的cloak的研究论文犹如雨后春笋般地涌现出来。但是，今天再回过头来看，这些cloak并没有在工程中获得真实的应用，其中一个关键原因就是波是携带频率的，各种波动cloak只能在特定频率或很窄的频带适用。类似地，真正能够用于隐藏潜艇的流体力学cloak也尚未造出——因为已有实验室中验证过的模型多是针对特殊的或简化的水流环境，例如浅水波等。可是，热隐身(thermal cloak)则不同，它能够产生真正的应用价值，并且确实已经产生，这在已有的各种类型的cloak中也算是独树一帜了。

关于热隐身的应用，这里举一个具有代表性的例子——这个例子来自多年前的一次国际学术会议，当时有欧洲学者对这个应用作了详细说明，他的介绍，涉及伊拉克战争（2003年3月20日—2011年12月18日），内容栩栩如生，令人印象深刻，故而，这里我们做个搬运工，把国外对于先进技术的前瞻思考介绍给国内读者。当然，下面仅从攻防角度进行技术探讨，不涉及价值观或意识形态层面的任何考量。

坦率地讲，不少读者可能并不觉得热隐身这个概念有什么重要的应用价值，可能认为它仅仅是光学隐身斗篷(optical cloak)向热学领域的一个简单推广，就像向其他领域推广一样，例如声学隐身斗篷、地震波隐身斗篷等。其实，热隐身这个新概念可以用于地下掩体的热红外隐身，这些掩体中，可以存放战斗机、坦克等装备。伊拉克战争中，面对外国军队的地面进攻，伊拉克军队几乎没有还手之力，就是因为它的王牌武器——战斗机、坦克等，已被外国空军在空袭中定点摧毁，几乎是全部。当时，伊拉克的战斗机和坦克是埋藏在沙漠中的，可是，战斗机或坦克的存在改变了覆盖在其外的沙土的红外热信号，也就暴露了它们自己的藏身之所，故而被摧毁。如果当时就有热隐身斗篷帮助伊拉克军队保护所有战斗机和坦克，那么，伊拉克在战争过程中，特别是后期的地面战争中，应该不会是那么的不堪一击……

此外，热隐身结构还有若干其他用途，例如用于印刷电路板或电子器件的热管理等，对此，美国学者做了很多研究工作，但囿于篇幅，本文不赘述细节，有兴趣的读者建议阅读他们的综述论文[3]。

6.4 制备方法与原理

作为热隐身理论的实验验证，2012年，美国哈佛大学研究团队率先给出的验证方案是使用多层结构[4]。其后，2013年，德国学者建议使用层状梯度结构，并给出了更为精确的验证结果[5]。2014年两个新加坡团队建议使用双壳层结构[6,7]，其后，这个建议因为工程实施的便利，而获得广泛且迅捷的推广，其不仅可以用于二维，而且可以用于三维——实际应用时的结构都是三维的。那么，为什么这个双壳层结构能够实现热隐身的效果呢？答案是：源于“等效”。

什么是“等效”呢？说得学术一点，它源于散射相消原理。这个若不好懂，也可以说得通俗一点，其实就是外壳层的热导率很大，它倾向于“吸引”热量，而内壳层的热导率很小（理论上应该为0，实际上通常采用接近0的数值），它倾向于“排斥”热量，在精确设计之下，背景中产生的这个“吸引”和“排斥”恰好抵消，故而所需的热隐身效果也就得到了。以上就是对以等效为核心的散射相消原理的通俗解释。

为更好地理解上述“等效”，试以前文提及的欧洲学者介绍的伊拉克战争中的场景为例。假设沙漠中地下10m处有一个直径为5m的球形洞穴，其可视为是将图6-1下图中的区域B和C掏空后得到的洞穴，显然，这个洞穴中充满的是空气，它的存在削弱了区域B和C原先(充满沙土时)的传热能力，此时，如果把区域B用一层高导热的铝和一层隔热的泡沫填充（当然，这两层的具体厚度需要基于理论公式精确设计），那么区域B和C的等效传热能力又能够恢复如前，且此时区域C中还可以专门用来隐藏任意物体。换言之，当区域B填充双壳层材料（即高导热铝和隔热泡沫）时，它的传热能力等同于区域B和C原先充满沙土的传热能力，即填充双壳层材料的区域B起到了补偿传热的作用，同时使得区域C中可以放置任意物体，且这些物体不能通过探测背景A中的热信号改变而推知。可见，“等效”是结果，“补偿”才是原因。

6.5 学术价值

热隐身这个概念的学术价值主要体现在推动了相关概念的延拓，即热隐身[1,2]→热超构材料[8,9]→扩散超构材料[10,11]，见图6-2。

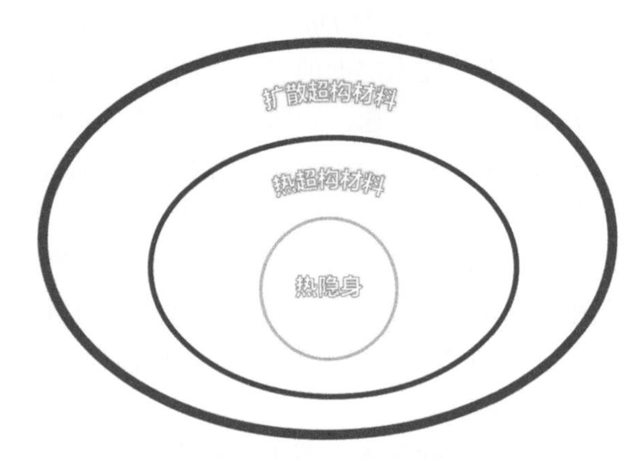

图6-2　热隐身概念的延拓

热隐身这个概念自2008年提出之后，对这个概念所做研究，无论是理论，还是实验，都已经取得了巨大进步（在Web of Science检索，以“thermal cloak”为主题的论文，截至2023年6月30日，已达462篇），而且，最为难能可贵的是，其在实际应用中，也已经开始发挥功效了。发展到这一步，对于热隐身而言，已经算是功德圆满了，为此，有学者专门出版了一部热隐身专著[12]，并且热隐身连同对应的变换热学理论也已经被写进了面向本科生的传热学教材[13]。更为重要的是，基于热隐身，2013年，美国麻省理工学院学者在*Nature*发表了综述论文[8]，直接把变换热学理论设计的、以热隐身为开端的所有材料或器件，概括为“热超构材料(thermal metamaterial，其包含thermal metamaterial-based device，即thermal metadevice)”，使其开始成为“超构材料”这个大家族中的一个重要分支[9]。其后，随着对扩散系统的深入研究，到今天，热超构材料的概念又被进一步拓展到“扩散超构材料(diffusion metamaterial)”[10,11]。现如今，已经得到国际国内同行认可的是，如果从控制方程的角度分类，超构材料(metamaterial)可以分为三个主要分支[14-17]，其控制方程分别如下：对应第一个分支的是描述波动系统的Maxwell方程组（横波），其适用于光波和电磁波，即光或电磁超构材料；第二个分支是描述波动系统的其他波动方程，包含声波方程（纵波）等，其适用于声波、弹性波、机械波等，即光或电磁之外的波动超构材料；第三个分支就是扩散超构材料，它的控制方程是扩散方程，其包括热超构材料、颗粒扩散超构材料、等离子体扩散超构材料等，其中，热超构材料在第三个分支中出现最早，就其体量而言，当前还在第三个分支中占据着主要地位[18-37]。当然，以上分类并非唯一，因为从不同的角度出发，超构材料可以分为不同的分支。例如：从编程角度看，超构材料可以分为可编程超构材料与非可编程超构材料；从维度角度看，超构材料可以分为体超构材料与超构表面。从不同角度出发，可获得不同分类，这有助于全面理解超构材料的工作机理与新奇功能，对深入研究和实际应用大有裨益。

有必要提及的是，关于扩散超构材料，2023年上半年，*Nature Reviews Physics* 专门出版了一篇综述论文[10]，标题正是 *Diffusion metamaterials*（《扩散超构材料》）。这篇论文短小精悍，主要介绍了技术层面的进展。同时，*Reviews of Modern Physics* 也对扩散超构材料表现出浓厚的兴趣，2024年刊发了一篇综述论文［*Controlling mass and energy diffusion with metamaterials*（《超构材料对质能扩散的调控》）］[11]。该长文主要关注物理机制和内涵，并将其中的扩散调控理论命名为“diffusionics（扩散学）”。需要补充说明的是，这里的扩散是指更广义的一类物理现象，即除了包含纯扩散，还包含以扩散为主导的各类现象。例如，以热超构材料为例，这类现象除了包括单纯的热传导，还包括“热传导+热对流”“热传导+热辐射”“热传导+热对流+热辐射”。

此外，可喜的是，随着研究的深入，若干新近研发的材料或器件，例如转子驱动的零磁场室温热霍尔器件[38]，已经开始突破扩散超构材料所覆盖的范围[39]。可见，热隐身概念的延拓，并不会止步于扩散超构材料，未来还有新的可能。说到这里，有必要对超构材料的定义做一个简介：超构材料（或超构器件——基于超构材料设计的器件）是一类人工结构材料，其性质是由组分材料的几何结构决定的，而非由组分材料的内禀物理性质决定的，最为关键的是，其必须有特征长度，并要求结构单元的尺寸远小于或小于这个特征长度，以使用有效介质理论来理解超构材料的性质或功能。例如，对于控制热传导的热超构材料来说，这个特征长度就是热扩散长度[14]；对于操控电磁波的电磁超构材料来说，这个特征长度就是入射电磁波的波长。换言之，如果不存在对应的特征长度，也就不能使用有效介质理论来解释或预言其功能，这样的材料并不属于“超构材料”[39]。

总结

近年来，众多新材料和新机制的不断涌现，使得热隐身器件的设计日益多样化。尤其是提高热隐身器件的适应性和稳定性，已经成为这一领域的核心研究方向[40-42]。在材料特性的适应性方面，实际应用中，热隐身器件可能需要在不同热导率的环境中工作[43-45]。然而，基于变换理论或散射相消理论设计的静态器件往往难以适应这些变化。相比之下，热学零折射隐身斗篷中，将极端对流视为超高热导率[19,46,47]，因此能够更好地适应多种环境。从几何适应性的角度来看，目前的热隐身器件多为二维、规则形状。虽然经典理论可以扩展到三维[6,48]，但设计出具有任意形状的器件仍然是一大挑战。幸运的是，拓扑优化算法可以精细优化材料分布[49-56]，结合3D打印技术，研究者们能够轻松制造出任意形状的热隐身器件。值得注意的是，热学系统本质上是一个耗散系统。通过非厄米物理的研究范式，以及构造热耦合哈密顿量，科研人员已经成功开发出可配置的热学拓扑材料[33,57-64]。这些材料对外部的杂散热量和环境对流有着极高的鲁棒性，确保了器件功能的高度稳定。而在超高温环境中，机器学习驱动的可配置非线性热材料有望保持器件的稳定性[65]。此外，引入对流的变换热学理论及其相应的实验研究[66,67]，为我们提供了一种新的液固混合系统，进一步扩展了热隐身器件的设计范围，使其能够适应更为复杂的环境(图6-3)。借助于相变材料，科研人员提出了一种具有类梯田结构温度分布的热超构材料，并基于此实现了高效多区域、多温度控制[68]。当然，万变不离其宗，科研人员一直在追求更先进的热隐身技术，相信未来会有更多突破，值得期待。

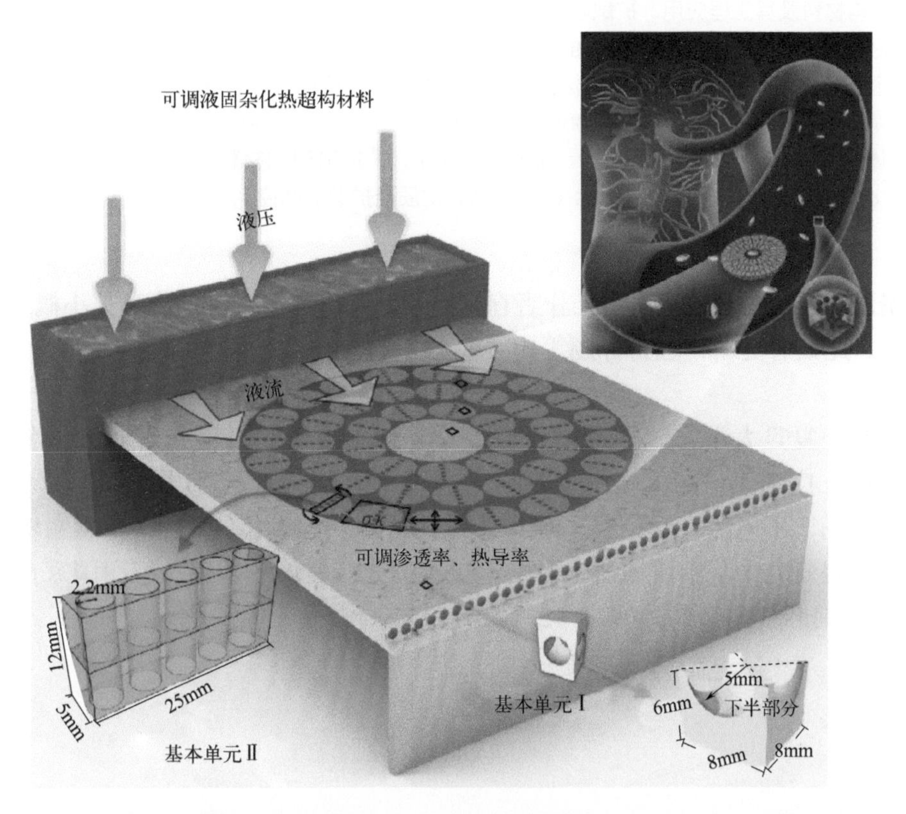

图6-3　基于液固混合系统的热隐身器件设计，其可用于更为复杂的环境，例如人体血管中红细胞的温度控制(改编自文献[66])

毋庸置疑，热隐身这个概念具有极其重要的应用价值和学术意义。国际国内针对这个概念的已有研究，完整地呈现了一个全链条的研究范式，即从基础理论的突破（从无到有），到技术开发的实现（从虚到实），再到工程应用的落地（从无用到有用）。它的应用价值，使其备受瞩目；它的学术意义，令人踌躇满志。这也可以看出，一个研究领域，从诞生萌芽，到茁壮成长，再到瓜熟蒂落，其间既有耕耘过程的艰难探索，更有收获结果时的无上喜悦，想来这也是科学研究的迷人魅力吧。

参考文献

参考文献

作者简介

黄吉平，复旦大学物理学系教授。2003年获得香港中文大学物理系博士学位。2017年获得国家杰出青年科学基金。研究领域：热力学、统计物理与复杂系统。研究方向：变换热学及其扩展理论、热超构材料及其工程应用、扩散学与扩散超构材料、扩散调控。主要学术贡献：发展稳态热扩散变换理论，提出了热隐身这个概念，推动了热超构材料热点研究方向的形成，促成了超构材料热门领域的一个新的主要分支——扩散超构材料。开创性贡献已经获得同行的肯定与认可，2023年应邀在 *Nature Reviews Physics*[5,218-235(2023)]和*Reviews of Modern Physics*[96,015002(2024)]发表综述论文，标题分别为*Diffusion metamaterials*（《扩散超构材料》）、*Controlling mass and energy diffusion with metamaterials*（《超构材料对质能扩散的调控》）。

备注：本章内容主要来源于作者在《物理》杂志的文章《热隐身：小概念，大用途》[69]。此处有更新，包含标题等内容。

致谢　复旦大学物理学系统计物理与复杂系统课题组现有研究人员名单：金鹏、雷敏、庄鹏飞、杨福宝、周鑫晨、刘晋榕、周宇鸿、刘周费、谭浩瀚、邱宇光、才昊旸、王译浠、赵昱倩、李沚昕、王成猛、熊科诏、黄吉平。感谢中国工程物理研究院研究生院须留钧博士对文章提出的修改建议或帮助。感谢国家自然科学基金资助（批准号：12035004、12320101004）。

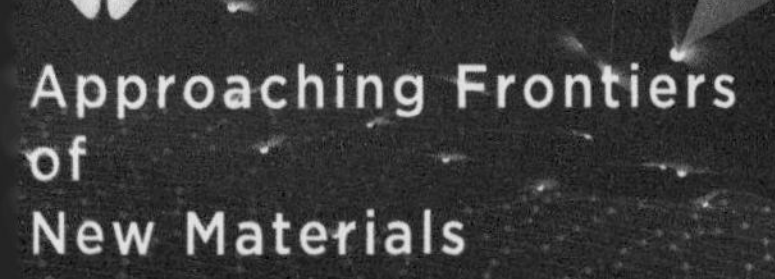

第 7 章

电子纸

陈旺桥　周国富

7.1 电润湿电子纸发展历程

在日常生活中，你有没有遇到过这些情况：在阳光明媚的户外，收到了一条短信，然而由于强烈的反光，即使把手机光线调到最亮也依然难以识别短信内容；早上出门后，才过了半天时间就发现手机或平板电脑显示电量不足，需要及时给它们充电；在白天连续使用电脑工作或晚上连续观看手机后，会觉得眼睛干涩发痒。北京大学中国健康发展研究中心2016年在北京发布国内首部《国民视觉健康》白皮书，研究显示，2012年我国5岁以上总人口中，每3个人就有1个人近视。中国青少年近视发病率居高不下，危害他们未来的健康。所有这些，无不告诉我们显示产品深刻地影响着我们的生活、工作和健康。事实上，屏显产品无处不在，广泛应用于移动显示、户外广告、办公场所、车载显示等，与我们的生活、工作息息相关（图7-1）。发展节能环保、健康护眼、色域丰富、智能交互的显示产品具有重要的现实意义和巨大的市场需求。

图7-1　屏显的应用场景

电子纸显示技术是一种通过反射环境光来实现显示的反射式显示技术。此技术无需额外的背光源，与传统纸张的观阅体验类似，同时具有视觉友好、能耗低等优点，是一种相对健康、绿色的新型显示技术。进一步结合平板电脑画面清晰、播放流畅等优点，就会得到一款方便携带、适用于室内和户外的护眼平板显示产品（图

7-2）。反射式显示技术符合“绿色显示”的未来发展趋势，是未来平板显示主流技术之一。

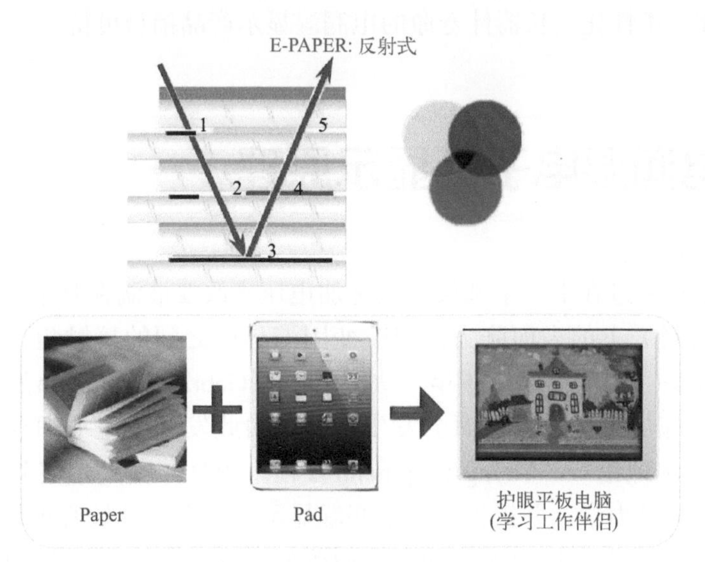

图7-2　反射式显示平板电脑

电泳电子墨水技术是目前最具代表性的电子纸显示技术，其通过改变上下基板的电压来控制腔内固态颗粒的泳动以实现不同颜色的显示。由于颗粒移动速度的限制，电泳电子纸具有刷新速度慢、翻页闪烁、色彩易失真等技术缺点，难以满足视频化的响应速度要求，限制了电子纸的进一步应用。因此，基于新型显示原理的电子纸显示技术得到了研究者的广泛关注，如电润湿显示、胆固醇型液晶、微机电干扰调制系统、光子晶体、电致变色等技术。为推动电子纸显示技术在强交互性需求领域中的应用，比如人工智能、智慧课堂、智慧城市等，目前全球范围内对电子纸的研究主要集中于实现具有高响应速度（视频化）和宽显示色域（彩色化）两个方向上。其中，电湿润显示技术成为解决电子纸“视频”和“彩色”关键性能的最佳候选之一。

全球范围内的研究机构，如美国辛辛那提大学、加州大学洛杉矶分校、荷兰特文特大学、荷兰飞利浦研究院等较早地开展了关于电润湿显示领域的研究，在基础原理、材料合成、器件组装和工艺制备等方面获得了一系列的成果。2006年，鉴于电润湿显示技术的独特优势和应用前景，飞利浦公司创立了主攻电润湿显示技术研发和产业化的专业化技术公司Liquavista。随后，韩国三星和美国摩托罗拉等公司也加入电润湿显示技术的研发和商业化进程中。2013年，全球电子书市场领袖亚马逊斥公司巨资收购Liquavista的举动彰显了电润湿显示市场潜在的巨大商机，明确了亚马逊公司将电润湿显示作为最佳技术路径拓展“彩色视频电子书”等应用市场的决心。

截至目前，市场尚未发布成熟的电润湿显示产品，但电润湿电子纸显示技术经过十余年的高速发展，相关的基础理论研究、材料开发、器件设计与工艺制备、驱动薄膜晶体管背板设计与制备等方面已日臻完善，处于量产前的关键阶段，具备视频化、彩色化、柔性化、长器件寿命的电润湿显示产品指日可待。

7.2 电润湿电子纸显示原理

电润湿是指通过在上、下基板之间施加电压来改变液滴在其下层固体结构（一般为强疏水材料）上的表面张力，即改变固液界面之间的接触角，使液滴发生形变、位移的现象（图7-3）。1875年，法国科学家Gabriel Lippmann发现在汞和电解液（水）之间施加电压，汞液面会发生下降，由此发现了电毛细现象，提出了著名的电润湿基本理论——Young-Lippmann方程。1981年，贝尔实验室的Beni研究了电润湿的相关动力学，并提出基于电润湿显示的概念，其核心思想是利用电润湿效应操纵液体在像素结构中的运动，从而改变像素内的光学空间相干性，实现白色或透明切换的光学显示效果。1993年，法国科学家Berge通过在电极与电解液之间引入一层绝缘电介质从而消除了液体的电解效应。介质电润湿（electrowetting-on-dielectric，EWOD）的概念突破了电润湿技术的应用瓶颈，使得电润湿相关理论及创新应用得以快速发展。2003年，飞利浦公司的研究员Robert. A. Hayes在*Nature*上发表了文章*Video-speed electronic paper based on electrowetting*，正式开启了电润湿电子纸显示技术研究的篇章。

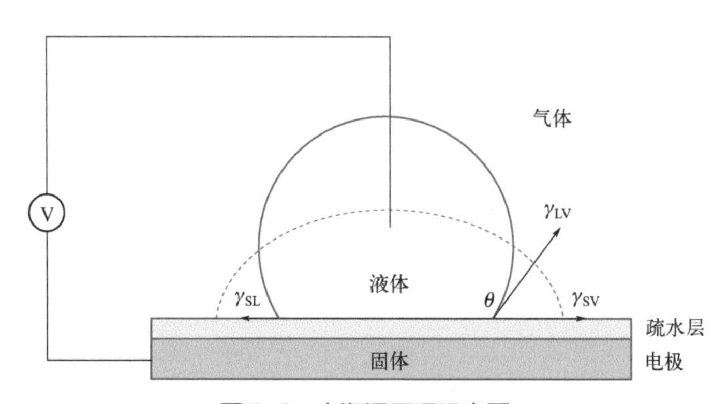

图7-3 电润湿原理示意图

电润湿电子纸显示是利用电润湿力和液体界面张力的竞争控制彩色油墨的收缩和铺展，从而实现像素开关及灰阶调控，得到显示颜色切换的效果。典型的电润湿显示像素结构如图7-4所示，从下往上依次为玻璃或者塑料基板、透明电极、介电层/含氟疏水聚合物和像素墙（亲水像素材料）。依次在像素格内填充非极性彩色油墨和极性流体，之后两相流体通过密封胶与上部的透明导电玻璃封装在一起构成显示屏。未加电时，彩色油墨均匀地铺展于含氟疏水层表面，像素呈现出油墨颜色；施加电压后，疏水绝缘层表面的润湿性发生改变，疏水绝缘层由亲油变得更加亲水。随着电压的升高，水逐渐将油墨推挤到像素的一角，像素呈现出基板颜色。因此，通过控制施加的电压可以实现像素的开关。电润湿显示器件结构简单、成本低，具有光透过率/反射率高、显示亮度高、易实现彩色化、油墨运动速度快（可达毫秒级）等优点。因此，电润湿显示技术是突破电子纸显示“彩色化”和“视频化”两大瓶颈的最优技术路径之一。

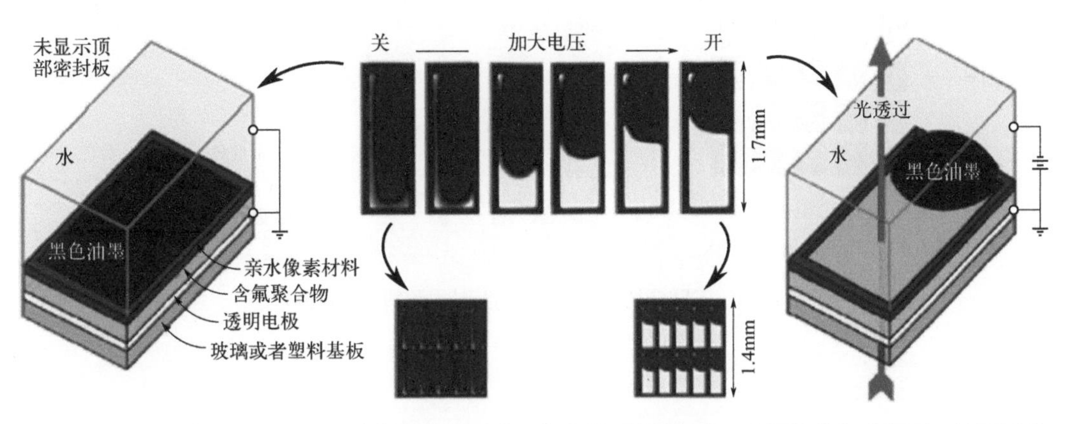

图7-4 电润湿电子纸显示原理（左图为未驱动，像素显示油墨颜色；右图为施加电场后，油墨被推挤到一边，像素显示底色。改变施加电压的大小，从而改变像素的灰度）

7.3 电润湿电子纸显示结构

目前主流的显示技术大多采用基于RGB（red红，green绿，blue蓝）子像素并排排列的相加混色模型实现全彩显示，某种颜色分量越多，得到的颜色越亮。然而这种显示方式会造成较大的光损失，实现高亮度的全彩显示仍是大部分显示技术的挑战。除了相加混色模型，也可以通过相减混色模型实现全彩显示。如图7-5（a）所示，电润湿电子纸显示采用CMY（cyan青，magenta品红，yellow黄）三色油墨垂直叠加的方法实现全彩显示。每一层子像素负责CMY中一种颜色的调控，通过三层子像素的共同作用，实现全彩显示。该显示结构可实现青品红黄、红绿蓝及黑白八种颜色状态时的混色方式。由于每一个像素都可以独立实现全彩显示，因此混色模型具有较高的分辨率。CMY三层子像素的开关状态如图7-5（b）所示，当三层子像素全部铺展时，可见光（约390 ～ 750 nm）将被油墨材料全部吸收，此时像素显示黑色；当三层油墨全部收缩时，入射光与油墨材料几乎没有作用并全部反射出来，此时像素显示白色且具有很高的亮度；当三层油墨中的一层收缩，另外两层铺展时，像素显示收缩油墨层的互补色（红色、绿色和蓝色）；当三层油墨中的两层收缩，只有一层铺展时，像素显示铺展油墨层的颜色（青色、品红色和黄色）。通过控制每一层子像素油墨开口率的大小，可获得不同灰阶的三原色，最终实现全彩显示。基于彩色油墨收缩和铺展的光调控模式，采用相减混色模型，电润湿显示技术能够实现高亮度彩色显示，同时具有多灰阶、高刷新率和低能耗等特性。

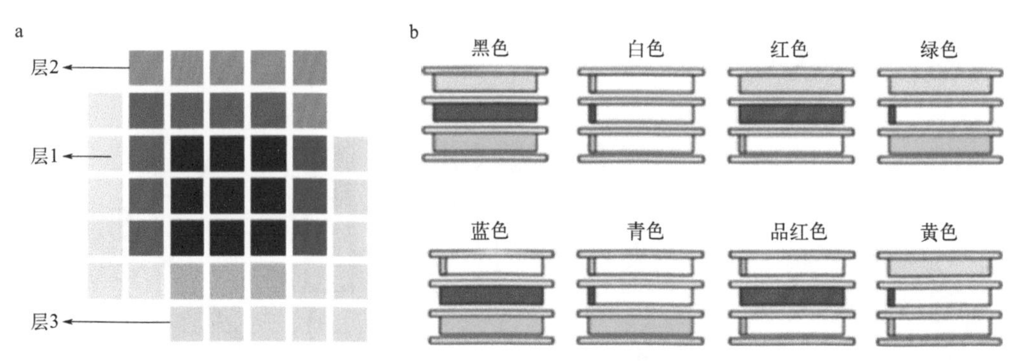

图7-5 三层叠加彩色电润湿显示器原理图及混色方法

7.4 电润湿电子纸显示关键材料

由电润湿显示器件结构可知，电润湿显示技术中的关键材料包括油墨、极性流体、疏水绝缘层、像素墙和封装等材料。

7.4.1 油墨材料

彩色油墨，尤其是青色、品红色、黄色三基色油墨，是电润湿显示技术的核心材料之一。开发具有高色彩饱和度、高光电稳定性、高溶解度（正十烷中）的青、品红、黄色油墨材料对于色彩调控和光学灰度开关起着重要作用。一般而言，电润湿显示油墨材料可分为分散型颜料和可溶性有机染料两类，目前较为常用的是可溶性有机染料体系。电润湿显示用染料按结构类别可分为偶氮型、金属络合型和有机芘型等（图7-6）。通过调节不同染料分子共轭骨架长度，可以使其紫外可见吸收光谱红移或蓝移；通过引入不同的脂溶性官能团，如长链烷基、烷氧基、酚氧基等，可以增加染料的溶解性。

偶氮苯环类有机染料具有摩尔吸光系数高、光谱范围广、结构容易改造等优点，可以用于制备黄色、品红色染料。染料颜色可通过优化组合分子内的重氮单元和偶合单元来调节，以苯胺、氨基偶氮苯为重氮单元，以长链烷基取代的吡唑啉酮为偶合单元，可合成一系列电润湿显示用黄色偶氮染料；以二硝基苯胺或含氮、硫的杂芳环芳胺（噻吩类、噻唑类）为重氮单元，以取代的烷基苯胺、四氢喹啉为耦合单元，可制备一系列品红色偶氮染料。另外，偶氮染料分子由于可通过O—H、N—H键等形成分子内氢键，其稳定性得到显著提高。然而，偶氮类染料整体上稳定性不佳，且易溶解于极性流体，难以满足电润湿显示高稳定性的要求。

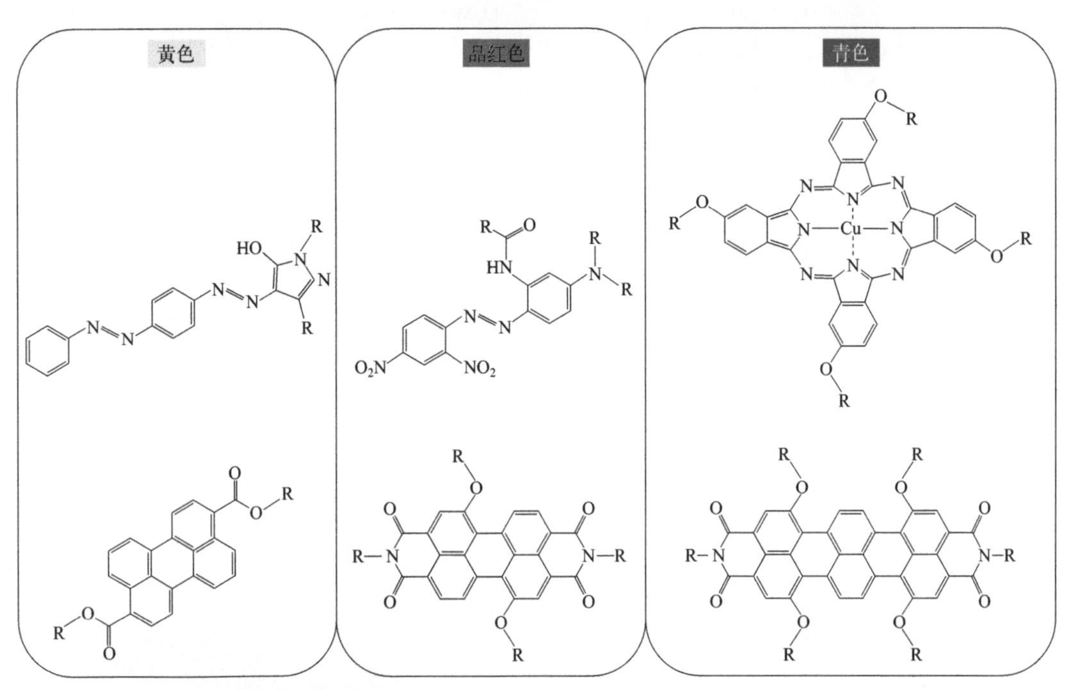

图7-6 电润湿显示染料结构式（DOI:10.3390/mi11010081;10.1039/c9nj04007b）

基于二吡咯亚甲基金属络合的酞菁铜类青色电润湿显示染料可通过两步反应非常简便地合成。通过在酞菁铜分子外围引入脂溶性官能团，其溶解度可以得到显著提高（>10% wt）。同时，这类染料具有摩尔吸光系数高（5×10^4 L·mol^{-1}·cm^{-1}）、电响应速度快（<20 ms）、回流比低（<10%）等优点。

有机苝染料具有良好的色彩饱和度和极优异的光稳定性。通过调控苝的共轭骨架长度、酰胺键上氮原子上助溶烷基链长度以及“湾位”上的助色基团（烷氧基、酚氧基等），可以得到覆盖黄色、品红色、青色的电润湿显示染料。通过调控“湾位”上的助色基团可以改变染料的光稳定性，例如当助色基团为氢、酚氧基、烷氧基、烷胺基时，染料的光稳定性顺序为氢>酚氧基>烷氧基>烷胺基。这类染料摩尔吸光系数较高（$>2\times10^4$ L·mol^{-1}·cm^{-1}）、开口率大（约60%）、驱动电压低（约24 V），是非常适用于电润湿显示体系的油墨材料。

最近，作者团队合成了以三萘嵌二苯为显色主体的新型青色染料（图7-7），其摩尔吸光系数达到了65000 L·moL^{-1}·cm^{-1}。当电压从0增加到−40 V时，与纯十烷中去离子水的电润湿曲线相比，青色油墨中的水滴接触角从160°变化到96°，接触角滞后小于3°。此外，该青色分子具有很高的光稳定性，在40h加速老化测试中没有明显变化。另外，青色油墨具有适当的黏度和表面张力可以实现EFD面板的喷墨打印工艺。

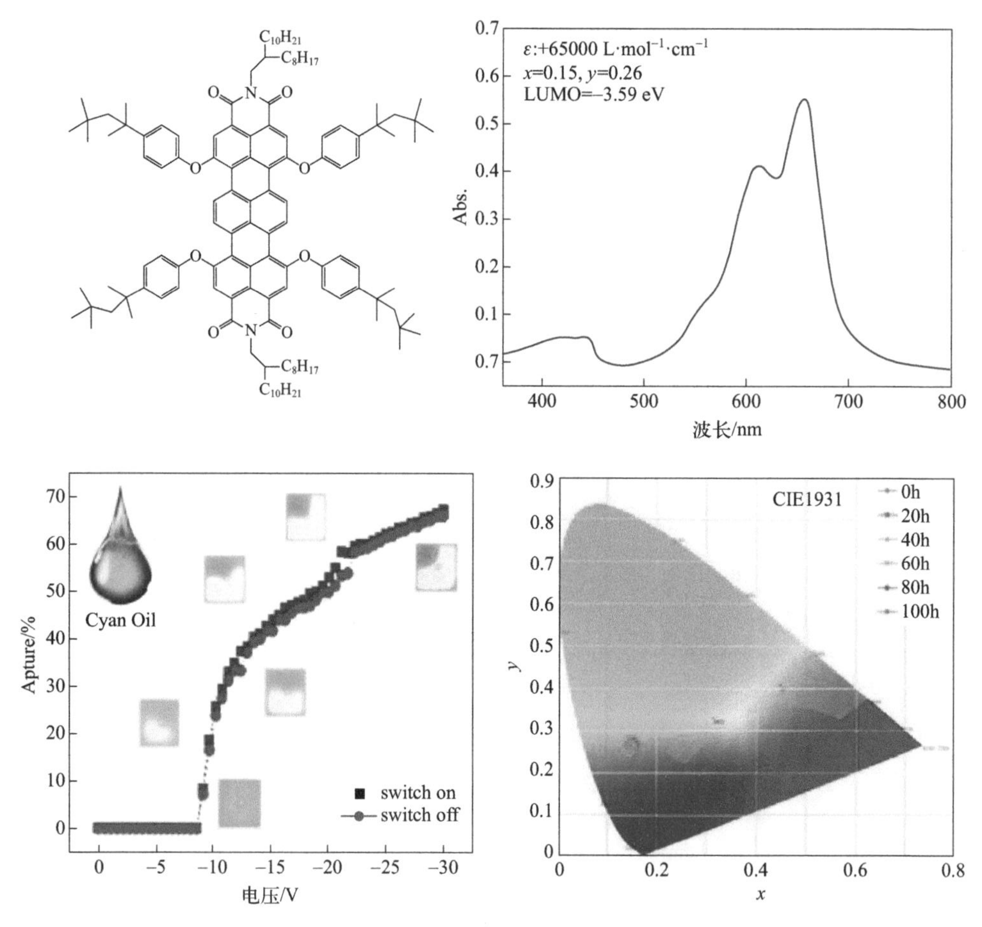

图7-7　青色分子及其表征测试（DOI: 10.1039/d3ma00177f）

7.4.2　极性流体材料

电润湿显示像素中的极性流体在电压作用下通过挤压油墨来实现器件的开关，因此极性流体材料的选择须符合一系列要求：与油墨互不相溶、透明度好、表面张力大、黏度低、导电性优良等。作为电润湿显示器件最常用的极性流体材料——水，其导电性需要额外添加无机盐来进行调节。由于盐溶液中的离子较小，容易穿透和击穿介电层，导致电极的电解腐蚀，严重影响器件的寿命。作者团队开发了基于醇类分子的极性流体材料，如乙二醇、丙二醇、甘油和其混合溶液等。与水相比，由于醇类分子尺寸较大，介电层穿透力显著下降，器件漏电流变小。然而，醇类极性流体电导率较低（例如，丙二醇电导率<0.01 S/cm），通过往醇溶液中添加有

机盐可增加其电导率，溶解表面活性剂十二烷基硫酸钠后丙二醇电导率增至31.1 S/cm。值得注意的是，具有相似电导率（34.0 S/cm）的十二烷基硫酸钠水溶液在正偏压作用下漏电流增大，Na^+穿过介电层；而十二烷基硫酸钠丙二醇溶液无论在施加正偏压还是负偏压时均表现出较小的漏电流，有利于提高电润湿显示器件的稳定性。

除了水和醇类用作极性流体材料，离子液体由于具有优异的导电性、不易挥发、高的热稳定性、宽温度窗口及良好的溶解性等优点，也被作为极性流体材料广泛应用于电润湿领域。离子液体由阳离子和阴离子组成，因此通过改变阳离子或者阴离子组分可对其电润湿性质进行调节。固定阴离子（例如NTf_2），增强或者减弱阳离子的亲水性，离子液体在含氟聚合物表面的接触角将会增大或减小：通过增长端基阳离子官能团的碳链，离子液体的疏水性增强，离子液体在含氟聚合物疏水层表面的接触角减小，不利于电润湿显示器件的应用；而缩短碳链时，离子液体在含氟聚合物疏水层表面的接触角增大，有利于电润湿显示器件的应用。同样，也可通过固定阳离子结构，改变阴离子结构来对离子液体的电润湿性质进行调节。作者团队对比了3种不同阴离子的咪唑类离子液体的电润湿性质（图7-8），结果同样表明亲水性更强的离子液体HE-BF_4在疏水绝缘层表面的初始接触角更大，饱和电压更高，有利于电润湿显示器件的应用。同时，实验还发现亲水性最弱的E-NTf_2对油墨的萃取能力最强，影响电润湿显示器件的寿命。

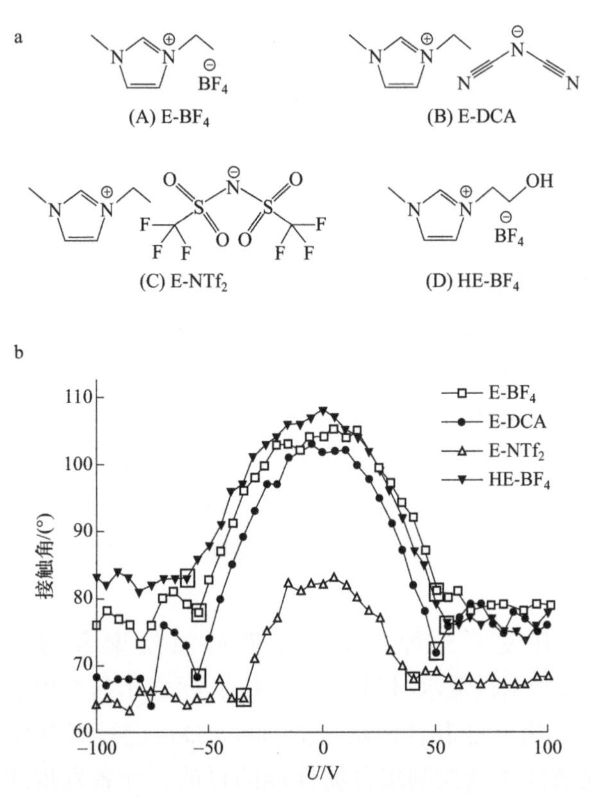

图7-8 四种负离子不同的（a）结构式及其离子液体的（b）电润湿曲线

7.4.3 疏水绝缘层材料

电润湿现象最早发现于金属表面，然而由于外电场的作用会导致导电液体发生水解反应，严重影响电润湿行为，因此研究人员尝试在金属电极表面涂覆绝缘层以防止导电液体电解，进而增强电润湿作用。具有疏水性的绝缘层表面还可以进一步增大液滴接触角的变化范围，减小接触角迟滞，因此，疏水绝缘层材料在电润湿器件中对器件的开关起着决定性作用。由于制备工艺匹配性等要求，尽管疏水性材料种类较多，目前市面上适用于电润湿器件疏水绝缘层材料的主要包括AF1600、Hyflon和Cytop等氟树脂材料系列（图7-9）。由于氟树脂材料中的多氟官能团具有强吸电子作用，可以有效地降低分子间的范德华力进而降低材料的表面能，因此可以降低其电场极化性能。氟树脂疏水绝缘层可通过旋涂或者化学沉积的方式成膜，成膜均一性良好，同时水的接触角大（100°~120°），接触角迟滞小（<10°）。然而，作为电润湿显示的关键材料之一，氟树脂材料由于其合成条件比较苛刻，目前主要供货商为国外厂商，国内供货商相对较少，且几乎没有适合电润湿显示用的疏水绝缘层氟树脂材料生产厂家，不利于我国电润湿显示技术的发展。

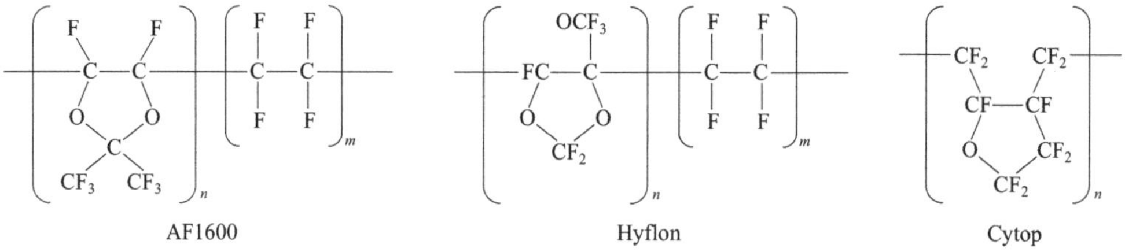

AF1600　　Hyflon　　Cytop

图7-9　氟树脂材料AF1600、Hyflon和Cytop的分子结构

尽管氟树脂材料具有很好的疏水性和介电常数（约2.0），但是氟树脂材料单独作为疏水绝缘层的电润湿器件漏电流较大，寿命较短。主要原因是氟树脂表面存在纳米孔，在电场长时间作用下，会导致氟树脂层被击穿，器件失效。除了氟树脂材料，通过掺入其他无机材料来提高绝缘叠层的致密性及有效介电常数（ε）是提升电润湿器件稳定性并降低驱动电压的有效方法之一。近年来，其他无机绝缘材料如二氧化硅、氮化硅、钛酸锶钡（$Ba_{1-x}Sr_xTiO_3$，BST）及聚氨酯、Parylene-C等也都被用来提高电润湿器件的介电常数。然而，此种方法会带来成膜均一性差、成膜透光率差等其他问题。

作者团队最近开发了一种基于环状四硅氧烷聚合物（Cyclic Tetrasiloxane Polymer, CTP）的新型无氟疏水材料（图7-10），探索了其在电润湿显示器件中的应用前景。该疏水聚合物通过混合预定量的D4v、D4h进行聚合反应，同时通过调节单体的比例和反应条件达到控制聚合物性能的目的。作者发现通过引入过量的Si—H基团可以提高CTP薄膜的介电常数，最高可达5.1°。同时，该薄膜具有较高的疏水性，空气接触角为107°，正十烷接触角为165°。此外，CTP薄膜具有可逆的电润湿行为，具有低接触角滞后（2°），并具有良好的透明度（光透过率，约99%）和热稳定性。因此，CTP薄膜作为疏水介质层的电润湿材料具有显著的潜力，并可能是电润湿应用中一种很有前途的替代材料。

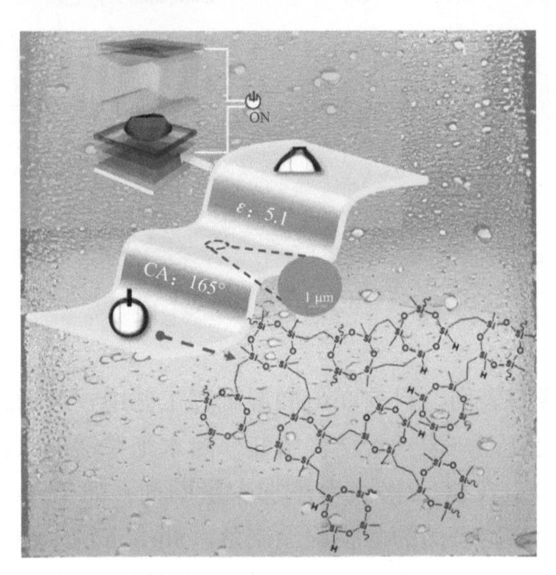

图7-10 CTP疏水介电材料（DOI: 10.1021/acsami.3c08188）

7.4.4 像素墙材料

在电润湿显示器件中，油墨像素单元通过像素墙分隔成显示阵列，作为结构材料的像素墙材料需要有好的化学稳定性、光电稳定性，其组分不会在电场或光的作用下发生化学反应，能够在导电流体溶液（如水溶液）或油相中稳定存在。为防止油墨的翻越，像素墙材料需要具有较高的亲水性（水油接触角＜120°）。另外，为保持像素单元的稳固性，像素墙还需要在疏水绝缘层表面具有一定的黏附性。常用的像素墙材料包括光刻胶、硅氧烷材料等。

光刻胶是制备像素墙的最常用材料，其主体一般为环氧树脂，如负性光刻胶SU-8［图7-11（a）］。SU-8在光照作用下会发生交联反应，形成聚合物的网状结构，因此，基于光刻胶制备的像素墙具有较好的化学稳定性、热稳定性和力学性能。同时，由于在近紫外区SU-8的吸光度很低，光刻曝光时紫外光容易穿透光刻胶膜，易得到具有大深宽比值和垂直侧壁的像素墙。通过传统光刻工艺，光刻胶可用来制备不同的图案化结构。根据电润湿器件设计的要求，光刻胶涂层厚度需要控制在几微米以内，且光刻胶溶液在疏水绝缘层表面涂布的过程中不能溶解或者与疏水绝缘层反应。

SU-8表现为弱亲水性（水接触角大约为74°），与疏水绝缘层的亲油性（水接触角大约为120°）不相匹配。一方面，在用于电润湿显示像素墙的制备时，难以

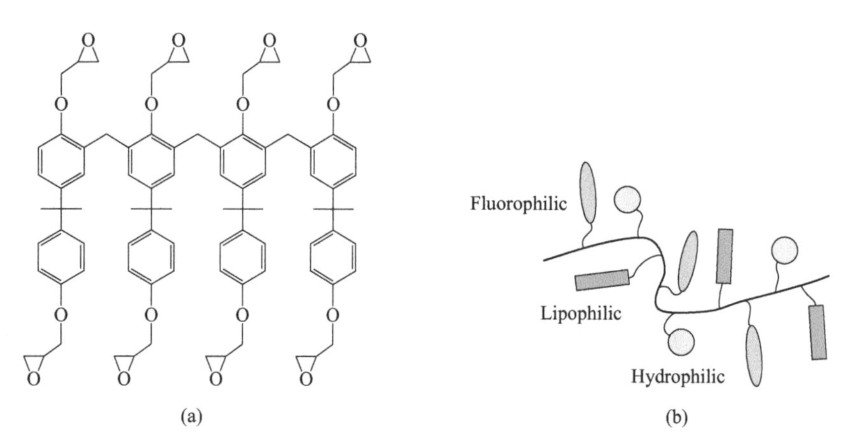

图7-11 （a）SU-8的化学结构式和（b）Surflon材料的分子结构示意图（DOI: 10.7567/APEX.7.101602）

直接涂布在疏水绝缘层表面。目前在电润湿制程工艺中，可通过反应性离子蚀刻将疏水绝缘层经亲水化处理→像素墙结构组装→疏水绝缘层疏水性回复等步骤完成像素单元的制备。另外，在SU-8溶液中添加少量助剂，如Surflon等材料，也可完成在含氟聚合物疏水绝缘层表面的薄膜旋涂制备。Surflon是一种非离子聚合物表面活性剂，其结构中包含亲氟、亲脂和亲水的基团［图7-11（b）］，这些特性使Surflon与SU-8可均匀混合，能够溶解在水和普通有机溶剂中，并有助于在裸露的含氟聚合物表面上制备润湿液滴。事实上，0.02%（wt）的Surflon添加剂可将Cytop上的水接触角从110°大幅降低至55°；含1%（wt）Surflon添加剂的光刻胶溶液中可在Cytop和Teflon AF表面上旋涂形成大面积、均一性良好的薄膜。另一方面，Su-8的弱亲水性导致油墨在电场下容易翻越像素墙，从而影响器件显示效果及寿命。可在封装油墨前对光刻胶像素墙表面做亲水处理以遏制其翻墙行为。作者研究团队通过区域保护策略，采用了一种基于多巴胺自聚合的像素墙选择性亲水改性方法，使像素墙静态接触角从初始的75.4°降低到改性后的48.8°（图7-12）。由于多巴胺本身的亲水性有限，很难进一步提高像素墙的表面亲水性。作者以聚多巴胺为中间层，用聚乙烯吡咯烷酮利用多组氢键对像素墙进行了进一步的改性。结果表明，其静态接触角从48.8°再次降低到29.2°，进一步提高了像素墙和疏水区之间的润湿性梯度。此外，当电润湿装置在高电压（60V）下操作时，没有油墨流过像素墙，显著改善了油墨翻墙现象。

除了化学改性方法，SU-8像素墙也可通过氧等离子体方式直接实现表面的亲水改性。相较于化学接枝反应，氧等离子体处理的工艺流程更加简捷，能有效降低像素墙表面的接触角（74°降至4°）。进一步研究表明，接触角的下降来源于SU-8表面氧等离子体处理后大量极性含氧官能团的生成以及表面粗糙度的增大。然而，这类处理方式改性后的表面润湿性并不稳定，存在疏水恢复的现象。

如图7-13所示，用于制备电润湿像素墙的硅氧烷类材料主要包括无机硅氧烷和

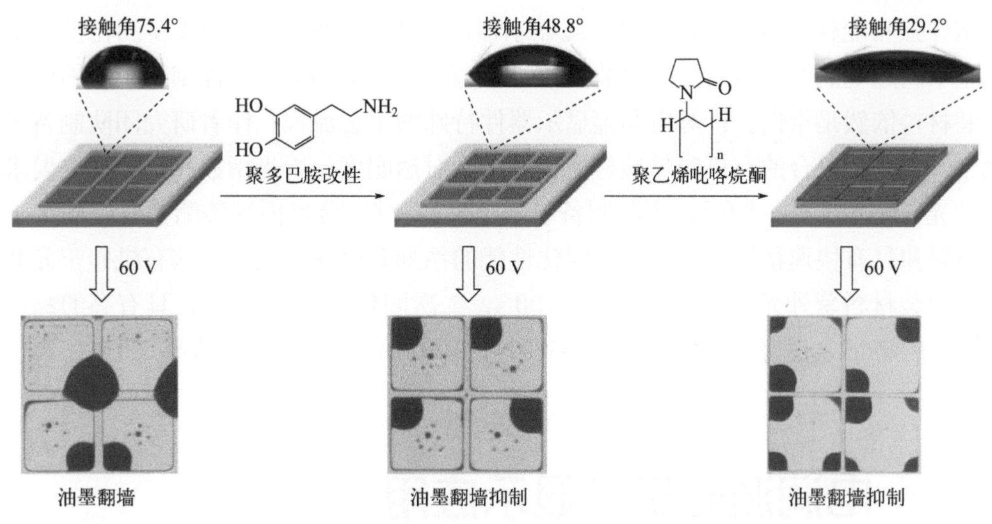

图7-12 基于多巴胺的像素墙选择性亲水改性（DOI: 10.1002/admi.202300344）

有机硅氧烷材料。与无机硅氧烷不同，有机硅氧烷结构中的氧原子被有机官能团部分取代。对于有机硅氧烷分子，其Si—C—C—R官能团可通过C＝C键和Si—H键的光交联反应生成，未反应的Si—H键可通过碱性水解进一步转换成亲水的Si—OH键，增强了像素墙表面的强亲水性。这种亲水性强的有机硅氧烷材料既可以用于制备像素墙结构，也可以用于像素墙表面的亲水改性。

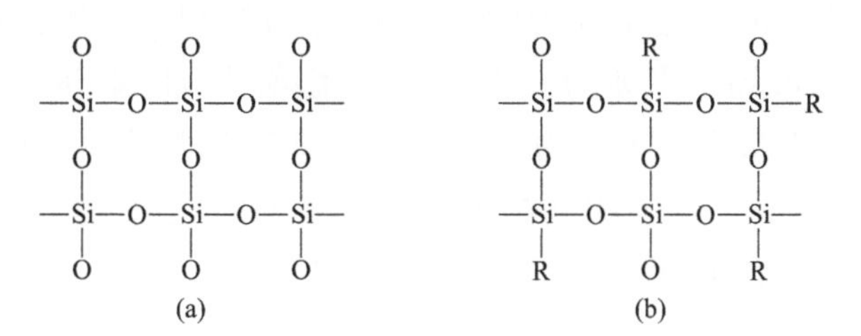

图7-13 无机（a）/有机（b）硅氧烷的分子结构式，R为有机链

7.4.5 封装材料

电润湿显示器由上下基板和包含在腔体内极性和非极性两种液体组成。由于器件结构的特殊性，器件通常用压敏胶进行封装。压敏胶是一类对压力敏感的胶黏剂，是同时具备液体黏性性质和固体弹性性质的黏弹性体，在使用时只需要施加一定的压力，便能与被粘物粘连。压敏胶与基材之间并不发生任何化学反应，因此它与基材之间的黏结力主要来自于压敏胶与基材之间的分子间作用力（即范德华力）。丙烯酸酯类压敏胶是树脂型压敏胶中应用范围最广、发展速度最快的。按照分散介质，丙烯酸酯类压敏胶可以分为溶剂型、乳液型、热熔型和UV固化型等。与其他压敏胶相比，UV固化型压敏胶具有固化条件简易可控、固化温度低、固化速度快、耐热性好、抗

增塑性强和能耗低等优点，在电润湿显示器件中被广泛使用。尽管UV固化型压敏胶可基本满足电润湿显示器件的封装要求，但适用于电润湿显示器件制程工艺的商品化封装材料依然是空白。针对电润湿显示器件特殊的工艺流程，作者研究团队制备了微纳米二氧化硅复合的有机硅封装材料，适用于对透明度、折光指数和热导率等要求较高的光电显示器件。同时，团队制备了基于聚硅氧烷/含氟丙烯酸酯类有机硅水下封装材料和具有快速初始固化、二次固化性能的系列有机硅封装胶。该有机硅三元共聚体类封装材料紫外光初始固化时间≤100 s，二次固化时间≤6 min，具有高的黏结强度（7~9 MPa）、良好的光透过率（>95%，400~800 nm）和低水吸收率（0.032%）。

7.5 电润湿电子纸显示应用

根据洛图科技（RUNTO）分析，2023年，全球电子纸产业整体市场规模达到360亿美元，同比增长140%；到2027年，规模将达750亿美元，未来5年年复合增长率将达28%。

2022年电子纸标签的应用以智慧零售场景为主，出货量占比达到了83%，其余场景电子纸标签的出货量占比均低于10%。从渗透率角度来看，以电子纸标签为例，中国市场出货量的渗透率仅为9%，与国际市场相比，还存在较大发展空间。而对于电子纸平板市场，主要为三大品类：阅读器、智能办公本、智能学习本。2022年全球电子纸平板市场销量为1102万台，2025年将达到5000万台，年复合增长率将超过60%。因此，由于电润湿电子纸一系列的优点，预计其将在各种标签、平板显示器、广告牌等领域取得广泛的应用（图7-14）。

图7-14 电润湿电子纸应用场景

作者简介

陈旺桥，副研究员，2017年于新加坡南洋理工大学获得博士学位，2017—2019年于南洋理工大学从事博士后研究工作，2019年入职华南师范大学。研究方向集中于有机功能性材料，包括电子纸墨水材料、界面功能性材料的开发和应用。E-mail：wqchen@m.scnu.edu.cn。

周国富，教授，国家特聘专家，华南先进光电子研究院院长，1994年于荷兰阿姆斯特丹大学获得博士学位，主要从事光电显示材料与技术方面的研究。E-mail：guofu.zhou@m.scnu.edu.cn。

7

第 8 章

脑机接口电极

李传福 卢 曦 熊 伟 付 杰

对于脑机接口（brain-computer interface；brain-machine interface）技术，大多数人的认识可能最早来自于科幻电影《黑客帝国》。在该影片中，主人公尼奥后脑勺插根插头，就能将大脑中的思想同步给计算机。在2014年，脑机接口技术第一次走进大众视野，从科幻走进现实。在巴西圣保罗举办的世界杯开幕式上，瘫痪9年的巴西少年朱利亚诺·平托用大脑操控外骨骼踢进世界杯的第一粒进球，这一幕惊艳了世界。电视转播解说员激动不已："平托行走的一小步，脑机接口技术发展的一大步。"

2016年，由天津大学明东教授带领的神经工程团队负责设计研发的世界首套在轨脑-机交互及脑力负荷、视功能等神经工效测试系统随"天宫二号"一同飞天，开启了人类历史上首次太空脑-机交互实验。2017年，中国科学院半导体研究所及合作研究团队取得进一步突破，提出任务相关成分分析算法，将稳态视觉诱发电位脑机接口的通信速率进一步提升到5.4 bit/s，最优结果达到6.3 bit/s，是目前已有报道的最快头皮脑电脑机接口系统，有望推动脑机接口应用在普通健康人群的日常生活中。2019年，马斯克的Neuralink公布了脑机接口芯片，吹响了打破脑机接口"摩尔定律"的号角。马斯克的初衷是帮助四肢瘫痪的病人实现仅仅通过"意念"就能控制电脑或智能手机；而他最终的愿景则是人脑与人工智能的融合，赋予人类超人的超能力。

脑机接口是一种技术系统，它建立了人类大脑和外部设备（通常是计算机）之间的直接连接。脑机接口旨在通过解读大脑活动来实现与计算机或其他外部设备的交互，而无需经过传统的神经肌肉途径，如肌肉运动或语音。基于脑机接口的系统依靠电生理信号记录器（例如脑电图、功能磁共振成像等）来捕捉大脑的活动，并将这些信号转换为可被计算机程序理解的形式。然后，这些信号可以用于控制游戏、机器人、假肢、电子设备等。如图8-1所示。最通俗易懂、最形象的场景是电

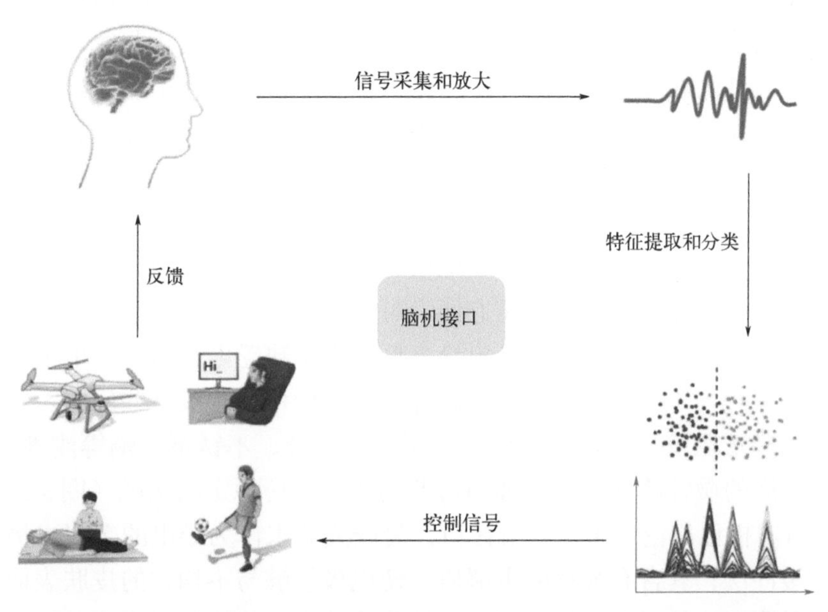

图8-1 典型脑机接口系统的结构和功能过程［图片来自APL Mater. 10, 090901 (2022)］

影《阿凡达》中把主人公杰克的思维嫁接到了潘多拉星球的阿凡达身体上，就等于同一个思维出现在两个个体上。

8.1 脑机接口的关键部件——电极

在脑机接口技术中，电极是脑电活动检测和传递的关键部件。根据其使用方式和侵入程度的不同，可将脑机接口电极分为两类：侵入式电极和非侵入式电极。

侵入式电极直接植入到大脑组织中，与大脑神经元直接接触，以记录和解读神经活动信号。其中一种常见的侵入式电极是微电极阵列（microelectrode array），由许多微小电极组成。其他类型的侵入式电极可能包括丝状电极和深部脑刺激电极等。侵入式电极的信号质量高，因为直接接触神经元，可以获取高分辨率和高灵敏度的神经活动信号；此外，侵入式电极具有长期稳定性，由于电极牢固地植入在组织中，可以长时间保持相对固定的位置，稳定性较好。侵入式电极的缺点是需要进行手术操作将电极置入大脑内，存在感染、出血等手术风险；同时，植入电极会对脑组织造成一定的创伤和炎症反应。因此，侵入式电极通常用于临床研究和特定医疗应用，不太适合日常生活中的长时间使用。

非侵入式电极不需要直接插入大脑组织中，而是放置在头皮表面或颅骨下，通过测量脑部活动信号来间接获取神经活动信息。非侵入式电极包括脑电图（electroencephalogram，EEG）电极和功能性磁共振成像（functional magnetic resonance imaging，FMRI）电极等。非侵入式电极的优点是安全性较高，无需手术，避免了手术风险和创伤；而且易于使用，相对于侵入式电极，非侵入式电极更易于安装和操作，可以进行远程监测。缺点是信号质量较差，由于非侵入式电极与大脑之间存在组织和骨骼阻隔，信号传播易失真、灵敏度较低。此外，非侵入式电极无法提供如侵入式电极所能提供的高空间分辨率，且非侵入式电极容易受到肌肉活动、眼球运动等外部因素的干扰。

非侵入式电极又可进一步分为干电极、半干电极和湿电极。在临床、研究和日常应用中，干电极几乎无害，操作方便，可快速设置，体感舒适，可长期、稳定和准确地记录。干电极的主要问题是电导率低。由于缺乏电解质，干电极通常具有高接触阻抗，并对人体运动敏感。引入微针阵列电极可以解决这些问题。它很容易穿透角质层，降低阻抗，减弱运动伪差的影响。与硅、不锈钢、铜等刚性基底相比，基于柔性基底的微针阵列电极能够与弯曲的皮肤保持稳定的接触（图8-2）。湿电极如Ag/AgCl电极已广泛应用于脑机接口。凝胶或盐水作为导电的金属电极和人体皮肤之间的缓冲层，其含有大量的电解质，使电极能够与不均匀的皮肤表面实现有效的接触和黏附。这使得脑电信号可以被接收或传递。相比于干电极，湿电极可能体积庞大，成本昂贵，制造复杂，但具有非常可靠的特性，包括低电极-皮肤阻抗和高信噪比。湿电极可以容忍脑电图记录过程中的一些身体运动，也可以穿透头发形成稳定的电子/离子界面。然而，使用Ag/AgCl湿电极时的设置耗时、烦琐，长期记录时体感不舒服、信号不稳定。因此，对新的湿电极有一些要求，包括适当的导电性和力学性能，保留流体的能力，可重复使用和易于制备。湿电极的设置程序繁琐，可能会引起人体的刺激和不适，而干电极的脑电图信号的质量有问题。为了实现快速设置、舒适性和令人满意的信号质量之间的平衡，研究人员提出了半干电极。半干电极的机制是在其内部放置一个液体储罐，不断释放电解液到头皮，而不是使用凝胶或盐水浸泡的泡沫来降低阻抗。电极-皮肤阻抗包括三部分：电极层阻抗、皮肤阻抗和接触阻抗。而半干电极提供了稳定的离子导电通路，大大降低了接触阻抗。半干电极可以分为三类：第一类能够通过压力释放电解质；第二类利用毛细管作用；第三类具有给电解质充电的能力。半干电极的设计目标是能够连续释放和快速充电电解质，同时保持用户友好性。

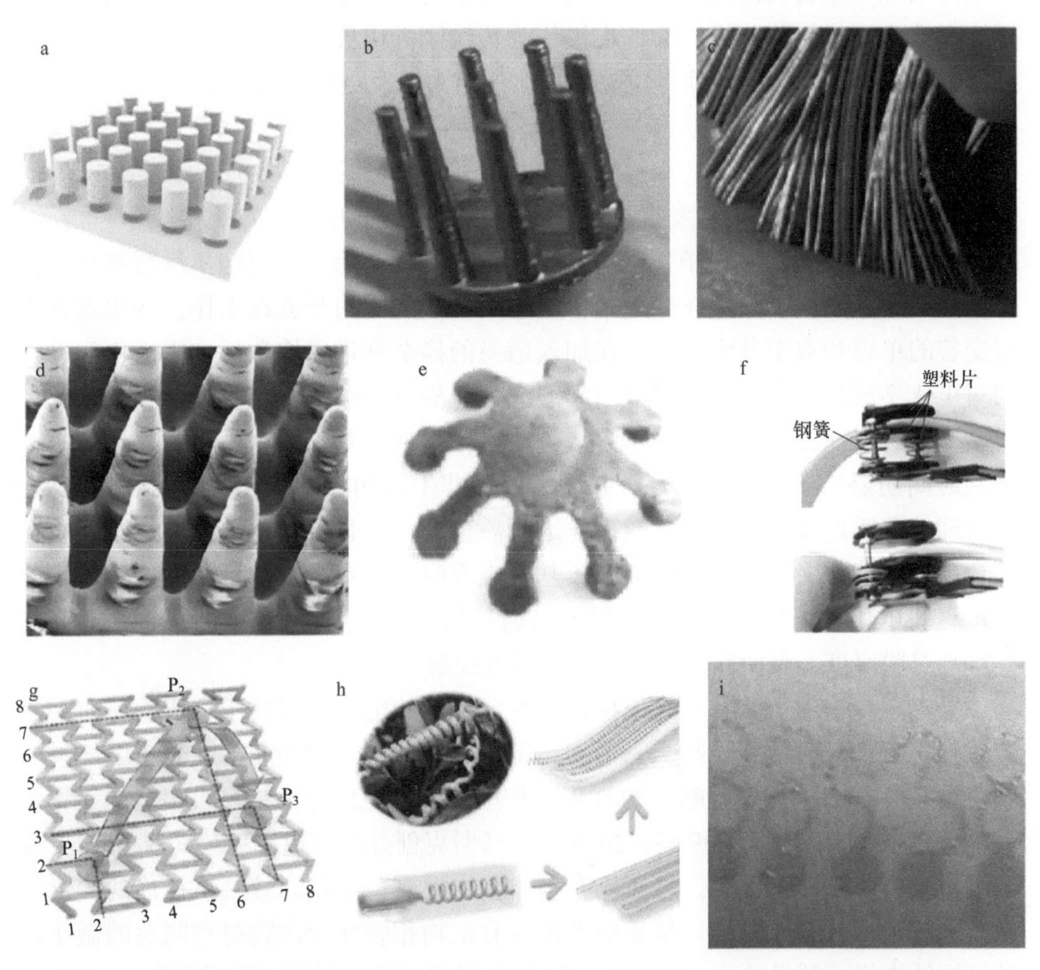

图8-2 典型的非侵入式柔性电极［图片来自Mater. Res. Express7 (2020) 102001］

侵入式电极保证了脑电信号的强度和质量，却牺牲了安全性；非侵入式电极虽具备安全性，但采集到的信号质量差且不稳定。针对上述两类脑机接口电极的缺点，研究人员提出半侵入式电极。半侵入式电极被放置在大脑皮层的硬膜外或硬膜下表面，而不是刺入脑组织，在保证安全性的同时又提高了脑电信号的强度和质量。这种微创操作降低了受者的疼痛程度，避免了植入时的急性免疫反应，并最大限度地减少了对神经回路的破坏。

8.2 脑机接口电极材料有哪些?

在电极材料的选择上，传统的刚性电极材料（金属、无机硅等）由于其杨氏模量的不匹配、对人体的潜在损害以及信号质量随时间逐渐下降而受到限制。这些因素使得柔性电极材料的发展变得至关重要和紧迫。近年来，由聚合物、碳基材料和微纳尺寸金属材料等制成的柔性电极作为传统刚性电极的替代品越来越受欢迎，因为它们提供了更好的一致性、更高信噪比的潜力以及更广泛的应用。

（1）导电聚合物材料

自从20世纪70年代末发现聚乙炔以来，电活性导电聚合物就受到了广泛关注。2000年，诺贝尔化学奖授予美国科学家艾伦黑格、艾伦·马克迪尔米德和日本科学家白川英树，以表彰他们在导电聚合物这一领域所做的开创性工作。导电聚合物具有交替的单键和双键共轭结构，在加入适当的掺杂剂进行掺杂后，提供电导性。它们对电化学氧化还原的响应可以引起湿润性、颜色、体积和电导率的显著变化。导电聚合物可以通过化学和电化学方法合成。化学聚合对于大规模生产是理想的，但处理时间明显长于电化学聚合，并需要使用非生物相容性氧化剂如氯化铁。此外，所得到的薄膜电性能较差，可能需要进行后掺杂以增强电导率。相比之下，电化学聚合在将明确定义的薄膜沉积到金属基底表面时非常有用，并且不需要进一步的改进过程。电化学沉积的主要优点是可以通过简单的一步过程形成导电聚合物薄膜，并实现对膜厚度、表面性质和电导率的高度控制。

导电聚合物由于其良好的生物相容性、优异的电导率和易于合成的特点，是制造柔性电极的一种流行选择。最常见的导电聚合物是聚酰亚胺、3,4-乙烯二氧噻吩聚合物（PEDOT）和聚吡咯。2001年，聚酰亚胺基电极作为最早被报道的柔性侵入式电极之一，实现了精确编码。2019年，马斯克创办的脑机接口公司Neuralink发布了脑机接口，轰动了世界。马斯克在发布会中提到，实现高效脑机接口的关键之一在于“线”。所谓的“线”，是采用多种具有生物相容性的薄膜材料制造的微小位移神经探针电极，其尺寸小、柔性高。探针电极使用的材料就是聚酰亚胺。

导电聚合物材料PEDOT:PSS（PSS是聚苯乙烯磺酸钠）由于具有良好的本征态柔性、电化学稳定性和生物相容性也受到了重点关注。2022年，北京天坛医院神经外科研究人员联合斯坦福大学和天津大学学者创新性地采用导电聚合物的分子设计新策略，在PEDOT:PSS中引入第二重“拓扑交联”结构，选择了具有较高构象自由度的“机械互锁”结构，通过分子/链段几何形态的变化赋予了材料本征可拉伸性，并通过后处理工艺进一步提升电导率，最终实现材料力学与电学性能的双突破。基于上述导电聚合物分子开发的电极能精准定位到单个神经元，以“热图”的形式快速且准确地勾勒脑干神经核团。这是目前世界上精度最高的柔性可拉伸微阵列电极。这种柔性电极不仅能让神经外科手术操作更精准，还能作为脑机接口中的核心技术，有望在脑科学研究中发挥重要作用。如图8-3所示。

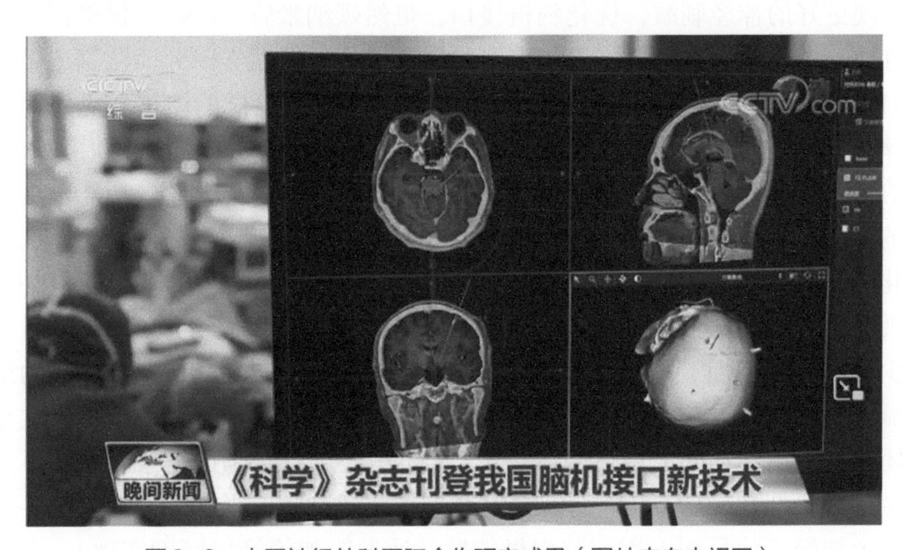

图8-3 中国神经外科国际合作研究成果（图片来自央视网）

除了上述材料，聚吡咯因其高导电性和高稳定性，而且比较容易用它形成均聚物和复合材料，而被广泛用于制备电极材料。中国科学院长春应用化学研究所的研究人员和海南大学的学者合作，研发了一种利用聚吡咯修饰微凝胶作为交联剂的新型水凝胶材料制作的透明的电极。该电极具有特殊的结构，可允许光波绕过微凝胶颗粒，并最大限度地减少它们的相互作用，从而保持光学透明度。更为重要的是，该电极还能作为脑机接口电极，可以向大脑输入信号，产生脑神经信号并控制肢体的行为，从而实现脑机交互功能。

（2）碳基材料

碳基材料，如纤维状碳材料和石墨烯，也已被开发和广泛应用于电极中。这些碳基材料具有较高的电导率、柔韧性、化学稳定性、抗拉强度和模量。碳纤维的使用类似于金属线的使用，而具有巨大柔性和导电性的石墨烯已被作为植入导体（图8-4）。

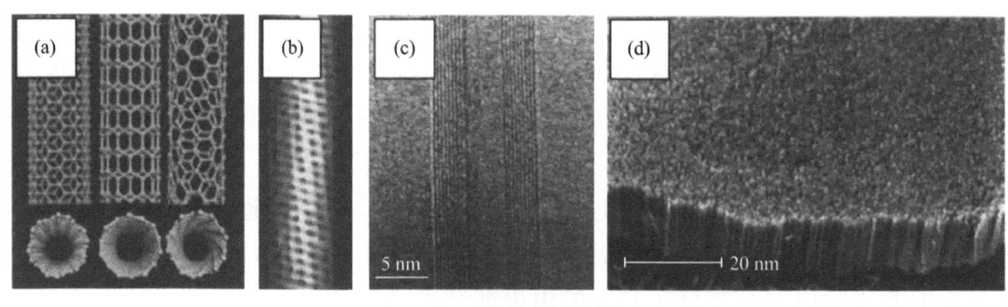

图8-4 碳纳米管及其阵列

近年来在脑机接口中使用的代表性纤维状碳材料包括碳纳米管纤维（CNTF）和碳纤维（CF）。CNTF和CF被认为是比传统金属材料更有前景的软性改性材料，可以实现更好的神经刺激，优化脑机接口。虽然碳纳米管（CNT）仍然存在潜在的生物毒性，但通过化学修饰可以改善生物相容性。复旦大学研究团队制造了一种基于CNT阵列的柔性多功能电极，显示出比传统Au电极更低的阻抗和更高的阴极充电存储容量（增加2.66倍），经过1万次弯曲循环和1000次拉伸循环后，依然保持稳定的阻抗。与此同时，在大鼠脑皮层上植入2周的期间，柔性多功能电极表现出稳定的离子感测和优异的生物相容性。莱斯大学研究团队制备了CNTF涂层电极，其电化学性能远优于裸露的PtIr电极，这是由于其固有的质量比表面积和电导率。他们观察到与PtIr电极相比，CNS特异性炎症反应程度整体减少（星形胶质细胞积累减少至1/4）和炎症巨噬细胞表型的表达减少。在植入6周后，刺激部位的结构没有明显改变，信号也没有降解，显示出优异的长期生物相容性和稳定性。北京大学研究团队在自由活动的大鼠体内应用了CNTF电极进行脊髓内记录，结果显示，与刚性金属电极相比，CNTF微电极大大减少了胶质增生，并且可以连续3 ～ 4个月记录单个神经元信号而无需调整电极位置（通过增加绝缘层厚度实现）。它们长期存在于大鼠体内不会引起大鼠明显的运动障碍，表明其具有良好的生物相容性。这些结果表明，与刚性金属电极相比，CNTF电极具有更稳定的神经微环境。

复旦大学团队提出了一种新型的微纤维形状的神经探针，由CNTF和钙交联海藻酸钠构成核心电极和护套层，可以直接植入小鼠大脑而无需其他材料。因此，其最终刚度大幅下降，弹性模量在植入后可以由约10 GPa降低到约10 kPa，以适应水的压力，从而降低阻抗并提高充电容量。这进一步有利于在体内动态地进行神经元信号的长期监测，几乎没有神经细胞损失和胶质反应，从而实现稳定的神经记录和调控。

北京大学研究团队通过用聚酰亚胺薄膜绝缘CNTF开发出柔软且与磁共振成像兼容的神经电极。该成果不涉及光刻工艺，并可通过辅助植入轨道轻松实施。直径为20 μm的CNTF电极在1 kHz时的阻抗值为（279 ± 32.08）kΩ，在硝酸处理后进一步降至（41.95 ± 3.62）kΩ，约为PtIr电极的1/9。这应归功于纳米管的电导率增加和排除了纳米管间杂质的影响。这种CNTF电极可以稳定地记录来自各个皮层和皮下区域的尖峰活动，信噪比约为30，证明其能够精确地记录特定区域的单个神经元信号。此外，这种电极能够连续地从大鼠上检测出高质量的信号，持续时间可达4～5个月，而且周围没有密集的胶质瘢痕形成，这使其成为众多神经应用（既能刺激神经又能记录信号）的优秀选择。将碳纳米管与其他材料（如Au或导电聚合物）结合起来，可以进一步改善传统功能性多电极阵列的信噪比和阻抗性能。

石墨烯是由六角形排列的sp^2杂化碳原子构成的单层二维蜂窝状晶格结构材料。石墨烯具有几个优异的性质，包括高弹性模量（约为1.0 TPa）、显著的热导率（3000 $W \cdot m^{-1} \cdot K^{-1}$）、高电子迁移率（200000 $cm^2 \cdot V^{-1} \cdot s^{-1}$）、优异的电导率（1 $S \cdot m^{-1}$）和低电阻率（约为10^{-6} Ω）。此外，石墨烯具有较大的比表面积（2630 $m^2 \cdot g^{-1}$）和良好的化学稳定性。更重要的是，石墨烯易功能化，具有良好的生物相容性，适用于生物医学领域的应用。这些性质引起了科学界对将石墨烯作为脑机接口电极候选材料的兴趣。

北京师范大学化学学院和北京石墨烯研究院的研究人员提出了一种鸟巢结构石墨烯皮肤电极的新设计思路。该电极展示出了极佳的形态和机械完整性，在机械振动（剥离、拉伸、冲洗等）下长期使用时仍能保持良好的导电性能。该电极能够舒适地贴附于皮肤上，并成功监测了生命电生理信号（如表皮肌电、脑电图和心电图）。此外，这种皮肤电极的结构适用于可水洗情景，同时也适于反复贴附于皮肤上，同时具有与商业电极相当的性能。鸟巢结构石墨烯是第一种基于单层石墨烯的非一次性皮肤电极，显示了在脑机接口应用中的潜力。

（3）金属材料

电极最重要的组成部分是导电材料，它形成了神经组织和外部装置之间的电连接。金属材料由于其优异的电学性能，是传统电极制造中应用最广泛的材料。虽然它们是刚性的，杨氏模量通常超过100 GPa，但当其厚度在微纳尺度时，仍然可以达到一定的柔性。

铂（Pt）是最广泛应用于神经电极的材料之一，具有良好的生物相容性和耐腐蚀性。据报道，光滑的铂仅具有很低的电荷注入容量（50～150 $\mu C \cdot cm^{-2}$）和阴极充电存储容量（<1 $mC \cdot cm^{-2}$），因此无法充分刺激神经。作为改进，Second Sight公司开发了一种被称为铂灰的涂层材料，它在裸铂基底上以适当速率的电沉积形成，具有分形形貌和良好的机械强度。然而，考虑到未来的柔性微电极阵列可能会在减小了的几何尺寸中承载数百甚至数千个通道，并具有更高的选择性和空间分辨率，铂灰的粗糙度和阴极充电存储容量仍然不理想。新南威尔士大学研究人员提出了一种电化学粗化方法来制备多孔铂。这种粗糙的铂在连续双相刺激或超声振荡下表现出优异的电化学性能和机械稳定性，非常适合神经刺激。然而，这种粗糙的铂电极的阴极充电存储容量与铂灰相当，对于高密度柔性微电极阵列来说仍然不理

想，未来的神经界面需要更高效的刺激和更低的能耗。

金（Au）是另一种有希望的电极材料。纳米多孔金，如纳米棒、纳米柱、蘑菇状结构等，已被应用于减少电极阻抗并具有良好的生物相容性，这对于植入式应用非常有益。这可以归因于Au是一种电容性充电材料，纳米结构增加了表面积和相应的阴极充电存储容量。Au纳米颗粒（NPs）涂层电极显示出噪声水平较无涂层电极降低约40%，阻抗降低约80%（在1 kHz下）。

韩国延世大学研究团队提出了高导电性、柔性和可拉伸性的纤维神经探针，利用聚氨酯（PU）纤维中吸附和还原的AuNPs作为导电网络。该纤维具有与脑组织（约100 kPa）相当的杨氏模量（170 kPa）。在涂覆聚二甲基硅氧烷（PDMS）和聚乙二醇（PEG）作为电绝缘层和可生物降解穿梭体在脑组织中后，他们成功地记录了各种电生理信号。韩国浦项基础科学研究所研究团队报道了一种简便且可扩展的合成方法，通过原位反应结合医用级热塑性聚氨酯（TPU）表面制备基于须状金纳米片（W-AuNS）的生物电极。经过Pt的进一步修饰，W-AuNS@Pt纳米复合材料在低频区域展现出82 mC·cm^{-2}的大阴极充电存储容量和显著降低的阻抗。此外，将表面粗糙化、共沉积和析出等不同技术组合在一起，可以进一步改善电极的电化学和力学性能。

近年来，研究人员也在积极开发作为脑机接口电极的新的金属基材料。兰州大学学者带领的柔性电子科研团队研发出了一种新型的电容式离子二极管，采用氧化钼（MoO_3）电极作为基础材料（图8-5）。MoO_3材料拥有致密的二维层状晶体结构和带有负电的层间离子传输通道，可以对电解液中的阴阳离子进行双重筛分，表现出高达136的超高整流比，这比现有体系高了一个数量级。同时，氧化钼电极在插层赝电容的电荷存储机制和电解液体系方面进行了优化，表现出448 F·g^{-1}的高比电容和高达20000次循环的优异循环稳定性。这种独特的整流特性和电化学性能，使得氧化钼电极可以在“与门”和“或门”两类逻辑运算电路中高效稳定地运作。另外，MoO_3材料以及相关组分材料还具有良好的生物相容性，这使得其在基于离子/电子耦合电路的脑机接口领域也有巨大的应用潜力。

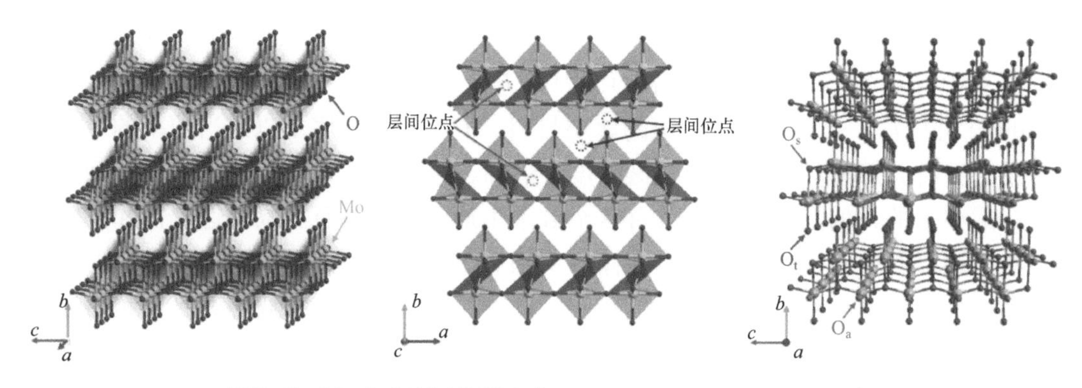

图8-5　MoO_3材料（图片来自Adv. Mater., 35: 2301218）

宾夕法尼亚大学研究团队利用钛基碳化物MXene开发了柔性多通道电极阵列。这些电极以平面或三维形式制造，并应用于志愿者的皮肤上，用于记录脑活动的脑电图、测量肌肉活动的肌电图、监测心脏活动的心电图和映射眼动的眼电图。该电极阵列还可以移植到猪和鼠的大脑中进行手术切除监测和刺激，并且与磁共振和计算机断层成像兼容。这种柔性界面具有潜在的临床应用价值，可以进行多尺度表皮感知和神经调节。

（4）天然生物材料

天然生物材料具有良好的生物学特性，弹性模量和剪切模量与脑组织类似，可以适应大脑的弯曲拓扑结构；此外，天然生物材料的低成本、丰富性等也支持其大规模的工业制造。因此，天然生物材料是制备柔性可植入电极的理想材料。如图8-6所示。

图8-6 蚕丝（图片来自百度百科）

早在2010年，伊利诺伊大学香槟分校学者就提出了一种基于可生物降解的丝绸纤维素生物基质的生物接触系统材料策略。将这种系统安装在组织上，然后让丝绸溶解和吸收，引发由毛细作用力驱动的自发保形包覆过程，该过程在生物/非生物界面上进行。特殊的网格设计和超薄电子元件形式确保了组织上的压力最小，而且能够高度贴附复杂的卷曲表面。该研究提供了新的植入和外科设备的思路。

2018年，中国科学院国家纳米科学中心研究团队利用沉积技术制备出基于细菌纤维素的多通道电极，细菌纤维素可作为超软神经界面基质，在柔软性、稳定性和安全性等方面更具优势。2022年，中国科学院上海微系统所研究团队基于天然蚕丝蛋白，开发出了可长期稳定在体的高带宽侵入式柔性神经电极。在一个直径不到0.5 mm的探头上，集成有128个记录通道，可实现大脑神经信号的精准调控与解析。

而且，其厚度仅1 μm，在小鼠和兔等动物中已实现了10个月的在体稳定记录。而此前马斯克公司开发的Neuralink电极厚度为5 μm，公开报道的在体时长仅2个月。

8.3 脑机接口电极材料的挑战、机遇与展望

电极在脑机接口中的长期性能取决于电极-组织界面的化学、力学和电学特性。理想的脑机接口电极材料应满足以下设计标准：

① 可接受的化学和物理特性，以促进电极-组织界面的生物相容性；

② 稳定的电学特性，包括低阻抗和稳定的导电和绝缘特性，以增强记录信号的信噪比，并在神经刺激过程中避免组织损伤；

③ 适当的机械特性，如柔软性和灵活性，以最小化电极插入和脑微动过程中的机械损伤。

界面的生物相容性依赖于材料特性的具体情况（即化学、电学和力学特性）。一些研究团队已经证明，利用激光加工、金属电镀或导电聚合物来增加神经电极表面的粗糙度，不仅可以改善电学特性，还可以通过模拟细胞外基质形态来促进神经元细胞的附着。此外，开发对组织更具生物透明性并具有亚细胞结构的神经探针，可以显著增强界面的生物相容性并减少包膜形成。为了改善电极-组织相互作用并最小化慢性反应，已经采用多种基于材料的策略来控制免疫反应的分子和细胞，并防止电极失效。调节神经探针表面的化学修饰，如使用抗炎化合物、黏附蛋白或生物活性分子，是一种调节炎症反应、实现神经探针与脑组织更好整合的方法。化学修饰还包括生物修饰，如涂覆透明质酸、肽、多糖和神经营养因子，以及非生物修饰，如水凝胶、导电聚合物和碳纳米管。设计和开发具有高灵敏度的无缝神经界面的新材料，是在体外和体内记录神经活动时应用电极面临的重大挑战。保持高的电极灵敏度至关重要，特别是在测量微伏级单个单位动作电位时。

电极的信号转导、阻抗和长期电稳定性在神经记录和刺激过程中应予以考虑。组织通过离子传导生物电信号，而金属通过电子传导电荷。因此，电极与组织界面上的信号转导是离子到电子或电子到离子的转换，具体取决于应用场景。电子和离子之间的转导主要通过电容电流或电极表面可逆还原-氧化反应形成的法拉第电流来实现。开发能促进离子-电子信号转导的新材料涂层对于神经电极的长期电稳定性至关重要。导电聚合物因其既具有离子导电性又具有电子导电性而成为神经电极涂层的选择。导电聚合物能够通过将离子移动传输电荷，或从导电聚合物中介导从底部金属电极到周围组织的传输电荷。这些离子可以存在于导电聚合物中作为掺杂剂或存在于细胞外液中。一个潜在的挑战是移动型掺杂剂对周围组织的毒性，因此选择小分子掺杂剂时必须谨慎考虑。像PSS这样的大分子掺杂剂可能会避免这个问

题，因为它们将被固定在导电聚合物的结构内部。此外，实现极低阻抗的电极-组织界面对于维持和改善信号记录和刺激的质量非常重要。神经微电极通常具有较高的初始电极阻抗，这是由于其表面积较小。随着电极尺寸越来越小以提高选择性，电极位点的阻抗急剧增加，进而导致信号记录质量降低。因此，神经微电极存在尺寸（选择性）和记录质量（灵敏度）之间的权衡。研究人员已进行了多项研究来探索降低电极位点初始阻抗的策略。这些策略包括使用金属和金属氧化物，并施加偏置电压脉冲。导电纳米材料能够通过在电极-组织界面上创建巨大的有效表面积来显著降低微电极的阻抗。此外，纳米结构材料可以改变微电极的结构和功能，以解决尺寸更小、电学特性更有利和生物相容性之间的矛盾。

迷你加工硅电极，如犹他阵列电极和密歇根电极，已广泛用于神经植入设备。这些微型电极在生物环境中是非反应性的，因此具有机械稳定性。然而，这些坚硬的基于硅的神经电极在插入脑组织过程中会造成脑组织机械创伤，引发炎症反应。此外，刚性电极与软组织之间的机械不匹配导致电极微动时组织损伤。因此，刚性电极面临的关键技术挑战是柔软的脑组织与电极基底之间的机械不匹配。尽管柔性聚酰亚胺和聚二甲基硅烷电极可能改善了这个问题，但它们本身并不足够坚硬以穿透脑组织，并且这些结构很难放置到神经组织中。为了能够有效地操作柔性神经探针并将其植入脑组织，超薄表面微电极的厚度要小于10 μm，可由一个5 ～ 15 μm的可降解丝层机械支撑。可溶解和可降解的聚合物可用于下一代穿透性微电极。基于硅的刚性电极具有约150 GPa的弹性模量，而柔性电极阵列的刚性明显较低，约为5 GPa，理想的神经电极将具有接近神经组织（约100 kPa）的弹性模量。水凝胶可在柔性电极与周围组织之间提供超软的中间层。水凝胶的弹性模量接近于神经组织，可以通过交联密度进行调节。已制备出弹性模量达400 kPa，用于与外周神经接口的聚(羟乙基甲基丙烯酸酯-共-甲基丙烯酸甲酯)［p(HEMA-co-MMA)］水凝胶管。这些管道与脊髓的机械特性相似，报告的脊髓弹性模量范围在200 ～ 600 kPa之间。离子交联的海藻酸盐是柔性穿透电极的良好支撑材料，因为它们：

① 具有10 ～ 150 kPa的弹性模量；

② 易于制备；

③ 生物相容性和生物可降解性；

④ 在插入前通过脱水促进电极的插入。

海藻酸盐凝胶的生物相容性和生物可降解性对于界面是理想的，因为它消除了微损伤并最小化机械不匹配。然而，在组织中膨胀后，它们会将电极从目标细胞处移开。研究小组已经开发了在水凝胶内种植导电聚合物以重新连接神经元与电极位点的方法。可以将抗炎药物和神经营养因子加入水凝胶和导电聚合物中以减少炎症，吸引神经元生长过程靠近电极并促进神经元存活。

在过去几年中，脑机接口的材料科学方法取得了重大进展。这些策略包括：

① 优化尺寸、形状、尖端几何、纹理、柔性衬底和可生物降解涂层，以最小化

对大脑的初次创伤和微动力损伤；

② 采用金属、金属氧化物、导电聚合物、碳纳米管、硅纳米线、石墨烯和复合材料，降低电极的初始阻抗；

③ 应用生物活性涂层如神经营养因子来增强神经元生长过程，通过对系统或局部输送抗炎药物来减少反应组织和胶质增生。

未来，以材料为中心主题，研究人员应该探索新的方法来开发具有长期功能的可行的脑机接口电极。理想情况下，电极应以柔性可塑性材料作为组织的一部分，对组织干扰最小。电极还应提供侧支，采用柔性软性纳米级叶片形式，以更好地渗透组织并触及更多的神经元。开发能够在植入后延伸侧支并结合神经组织的新型混合纳米材料，以及整合神经干细胞的设计，将有助于无缝脑机界面的设计。

参考文献

参考文献

作者简介

李传福，工学博士，高级工程师，英国皇家化学会会员（MRSC）、美国化学会(ACS)和美国化学工程师学会(AIChE)会员、中国化学会（CCS）和中国化工学会（CIESC）会员、中国微米纳米技术学会（CSMNT）会员，eScience期刊云编辑。先后于天津大学、国家纳米科学中心和华中科技大学开展科学研究，主要研究方向是新型电极材料的开发与应用。目前已在国内外期刊上发表文章20余篇，参与编写著作3部。获得艾思科蓝“2021全球智库年度卓越专家”称号，获得eScience Outstanding Contribution Award，受邀参加2023 RSC-Wuhan University Emerging Investigator Forum。

卢曦，北京中医药大学与国家纳米科学中心联合培养博士（师从韩东研究员），主治医师。参与国家级课题3项；在国内外中英文期刊发表论文12篇，参与校对图书4册，申请国家专利1项。长期从事基于生物力药理学的中药单体纳米制剂治疗肺纤维化疾病的研究，掌握包括原子力显微镜、扫描电镜、透射电镜等微纳表征技术，可熟练制备纳米乳、脂质体、外泌体载药等纳米靶向药物，同时具有一定的组织仿体制备能力，具备医工结合交叉研究的能力。

熊伟，浙江大学医学院附属邵逸夫医院麻醉科医生。参与国家自然科学基金面上项目2项，省部级专项医学研究项目2项，发表中英文期刊论文3篇。长期致力于研究中枢与外周通路的疼痛信号传导、离子通道与神经病理性疼痛和癌痛相关的作用机制、超分子组装纳米制剂长效缓慢递送缓解癌痛。熟练掌握疼痛相关动物模型制备及神经行为学相关测定，掌握PCR、Western blot、ICC、神经元钙成像等常用分子生物学实验技术，熟练掌握纳米晶、超分子多肽组装纳米制剂的制备和表征相关技术。

第9章

软体机器人

曲钧天　毛百进　向喻遥岑　钱献宽

在科技的快速发展中，我们站在了软体机械手与触觉感知技术的前沿。这一技术似乎将科幻电影中的场景带入了现实。想象一下，一个柔软、灵活的机械手，能够像人手一样感知物体的细节，这是多么地令人震撼呀。

（1）生活中的小改变

你是否有过这样的经历，拿起一个水果，用手感受它的光滑度、温度，然后决定是否购买。现在，软体机械手也可以做到这一点。在超市的货架上，它们可以精确地挑选出新鲜的水果，确保每一位顾客都能买到最好的产品。这意味着我们在日常生活中能享受到更优质的购物体验。不仅如此，软体机械手还在餐饮、娱乐等领域展现出独特的魅力。它们可以为顾客提供更细致的服务，让人们的生活更加丰富多彩。

（2）医疗中的大作为

在医疗领域，软体机械手与触觉感知技术的结合为手术带来了革命性的变化。医生可以通过机械手进行精细的手术操作，减少手术给患者带来的创伤。对于那些因疾病导致肌肉萎缩的患者，这种技术更是能够帮助他们恢复部分功能，重获新生。此外，在康复治疗中，患者可以通过机械手进行康复训练，提高康复效果。这种融合技术为医疗领域带来了更多的可能性，为患者带来了更好的治疗体验。

（3）未来的无限可能

除了医疗和日常生活，软体机械手与触觉感知技术还有更广阔的应用前景。在探索领域，它们可以帮助我们深入未知的洞穴、深海，发现地球上隐藏的秘密；在工业生产中，它们可以确保产品的精确制造，提高生产效率。此外，这种技术还可以应用于教育、娱乐等领域，为人们的生活带来更多的便利和乐趣。随着技术的不断进步和创新，我们相信未来会有更多的惊喜和突破等待着我们。

软体机械手与触觉感知技术的融合之旅已经开启，这是一个充满无限可能的未来。让我们一同期待这一技术为我们的生活带来更多的便利和惊喜。同时，也希望更多的人能够关注和支持这一领域的发展，共同推动科技的进步与创新。

9.1 软体机械手触觉传感器的原理与结构

在不同的场景中，有许多类型的触觉传感器。在这里，我们着重强调在实际应用中对软体机械手更具前景的触觉传感器。表9-1列出了不同原理的传感技术的示例。本节概述了这些传感器的原理和结构，包括电容式触觉传感器、压阻式触觉传感器、压电式触觉传感器、基于视觉的触觉传感器、光纤布拉格光栅触觉传感器、摩擦电触觉传感器以及其他先进触觉传感器。典型触觉传感器的比较如表9-2所示，表9-3则展示了这些主要传感器性能的比较。

表9-1 不同原理的代表性传感技术示例

传感器类型	材料	测量	应用
电容式	硅胶	滑移检测	自适应夹具
	聚二甲基硅氧烷（PDMS）	剪切力	接触面积测量
	PDMS，硅酮	接近距离	五指手
压阻式	异丙基氯化汞	弯曲和拉伸力	鱼侧线和可穿戴设备
	镓铟合金	弯曲和拉伸力	皮肤，可穿戴机器人
	压阻性织物	法向力	仿生皮肤
压电式	压电细线	法向力	生物学和结构监测
	硅胶	法向力	水下
	PDMS，碳纳米管	法向力	人工膀胱
	压电陶瓷	法向力	显微抓手
基于视觉	颗粒物和摄像机	形状检测	通用抓手
	LED灯，玻璃球，照相机	视觉图像	管道泄漏检测
	硅胶和相机	方向和滑动检测	GelSight鳍射线抓手
光纤布拉格光栅	光纤和硅胶	滑移和粗糙度	软体机械手
	光纤	接触和抓握力	机械手
	光纤和硅胶	三轴力	软体机械手
摩擦电型	聚偏氟乙烯（PVDF）、铜线圈和平面电感传感器	水果识别	机械手
	硅，聚对苯二甲酸乙二醇酯（PET）和铜膜	曲率测量	软体机械手
	硅酮、PET、镍织物、铜、聚四氟二甲苯（PTFE）和海绵	对象标识	软体机械手

表9-2 典型触觉传感器的比较

传感器类型	灵敏度	范围	分辨率	循环测试	响应时间	频率
电容式	6.583 kPa^{-1}	100 Pa	3 Pa	10000	48 ms	—
	0.065 kPa^{-1}	1700 kPa	—	7000	100 ms	1kHz
	0.017 kPa^{-1}	约1～120 kPa	—	1000	180 ms	—
压阻式	—	500 kPa	0.1 N	—	—	48 MHz
	0.0835kPa^{-1}	0.8 MPa	50Pa	—	90 ms	40 Hz
	133.1 kPa^{-1}	0.8 Pa	—	8000	50 ms	200 Hz

9

续表

传感器类型	灵敏度	范围	分辨率	循环测试	响应时间	频率
压电式	0.005 Pa	10 Pa	—	—	0.1 ms	1 kHz
	7.7 mV · kPa^{-1}	约 80 ～ 750 kPa	—	80000	10 ms	5 Hz
	0.018 mV · kPa^{-1}	约 1 ～ 30 kPa	—	5000	60 ms	约 0.2 ～ 5Hz, 240Hz
基于视觉	—	3 N	128 × 128 像素	—	40 fps	40 Hz
	—	—	300 × 300 像素	—	26 fps	—
光纤布拉格光栅	2.2 mN^{-1}	2.5 N	35mN, 3.2mm	—	—	100 Hz
	—	4 N	0.01 N	—	—	100 Hz
摩擦电式	—	71.4 kPa, 约 70 ～ 120 mm	3mm	500	—	—
	—	20 mm, 30 kPa	0.05mm, 0.35kPa	1200	120 ms	100 Hz
	0.06 kPa^{-1}	1 kPa	5 dpi	10000	70 ms	—

表9-3 主要触觉传感器性能比较

传感器类型	优点	缺点	成本
电容式	高灵敏度和高分辨率，较大的动态测量范围	电子产品复杂性低，耐用性低，容易受噪声影响	低
压阻式	高灵敏度和高分辨率，高信噪比（SNR）	易受滞后影响	低
压电式	高灵敏度 大动态范围 高频响应	低空间分辨率 小而笨重	低
基于视觉	高灵敏度和高分辨率 大动态范围 高频响应	需要光源 中等复杂性	中
光纤布拉格光栅型	高灵敏度和高分辨率，大动态范围，高频响应，抗电磁干扰，抗振动和冲击，耐腐蚀，抗极端温度，高信噪比	易受温度影响，复杂解调系统，计算成本高，存在机械疲劳	高
摩擦电式	结构简单，功率密度高，自功能，高频响应	易老化和受机械损伤，低耐久性，输出电流有限	低

9.1.1 电容式触觉传感器

一般来说，典型的电容器是由两个平行电极和夹在中间的电介质材料组成。电容式触觉传感的原理是通过机械地改变电容器的几何形状来改变电容。电容可以描述为

$$C=\frac{\varepsilon_0 \varepsilon_{\mathrm{r}} S}{d} \tag{9-1}$$

式中，ε_0是空气的介电常数；ε_{r}是介质材料的相对介电常数；S是两个平行电极的有效重叠面积；d是两个平行电极之间的距离。其灵敏度和响应速度，可以通过特殊设计的微结构[1, 2]或嵌入填料进行调整[3]。特别地，S和d对外部机械刺激敏感，因此可以用于触觉感测，S和d通常用于测量正常的剪切力和应变[4]。

除此之外，还有许多其他种类的电容器结构，例如矩形条[6,7]、金字塔结构[8,9]、球体[10]和柱[11]。随着先进材料的发展，一些导电和柔软的材料已被用作柔性电容传感器的电极材料，如石墨烯[12]、碳纳米管（CNT）[5]、氧化铟锡（ITO）[13]和金属纳米材料[14]。低模量弹性体通常用于介电层，例如龙皮Ecoflex[15]、聚氨酯[16]和聚二甲基硅氧烷（PDMS）[17]。例如，Lee揭示了一种基于PDMS的柔性触觉电容阵列，用于测量法向力和剪切力分布[18]。基于CNT的电容式应变传感器也已被开发[19]。

电容式触觉传感器具有灵敏度高、静态力测量准确、功耗低等特点[20,21]。然而，由于弹性电介质的黏弹性和不可压缩性[11]，柔性触觉传感器的灵敏度和响应性可能会受到影响。为了改善电容式触觉传感器的性能，使用高度可压缩的电介质（例如气隙[22]）是一种有效的方法。虽然过大的气隙会导致低电容和受损的灵敏度，但黏弹性的不利影响可以通过改变介电层的结构来减小，例如圆锥形状和更薄的结构。

虽然结构或材料各不相同，但电容式触觉传感器具有相同的传感理念，即利用差分电容值作为测量力的手段［图9-1（a）、（b）］。电容变化可以分别通过瞬态电压或电流的输出来感测[23]。电容式触觉传感器通常具有优异的频率响应、高空间分辨率和大动态范围，但它们可能对多种类型的噪声敏感[24]。然而，电容触觉传感器具有缺点，其在较高温度下易受电磁噪声的影响。

9.1.2　压阻式触觉传感器

压阻式触觉感测通过将机械刺激转化成电阻的变化来实现。导体或半导电材料通常用于压阻式触觉传感器，压阻效应相关公式如下[25]：

$$\frac{\Delta R}{R}=(1+2\lambda+\pi E)\varepsilon \tag{9-2}$$

$$R=\frac{\rho L}{S} \tag{9-3}$$

式中，R是电阻；ΔR是施加应变导致的电阻的相应变化；λ是材料的泊松比；π是压阻系数；E是杨氏模量；ε是纵向应变；ρ是电阻率；L和S分别是电阻器的长度和横截面积。通过电阻的变化来获取触觉传感信息主要有两种机制：一种是通过机械地改变电阻器的几何形状（L和S）来实现，由于拉伸时的泊松效应，L增加时S会减小[26]；另一种是通过各种方法改变电阻率来实现[27]。通过向压阻式触觉传感

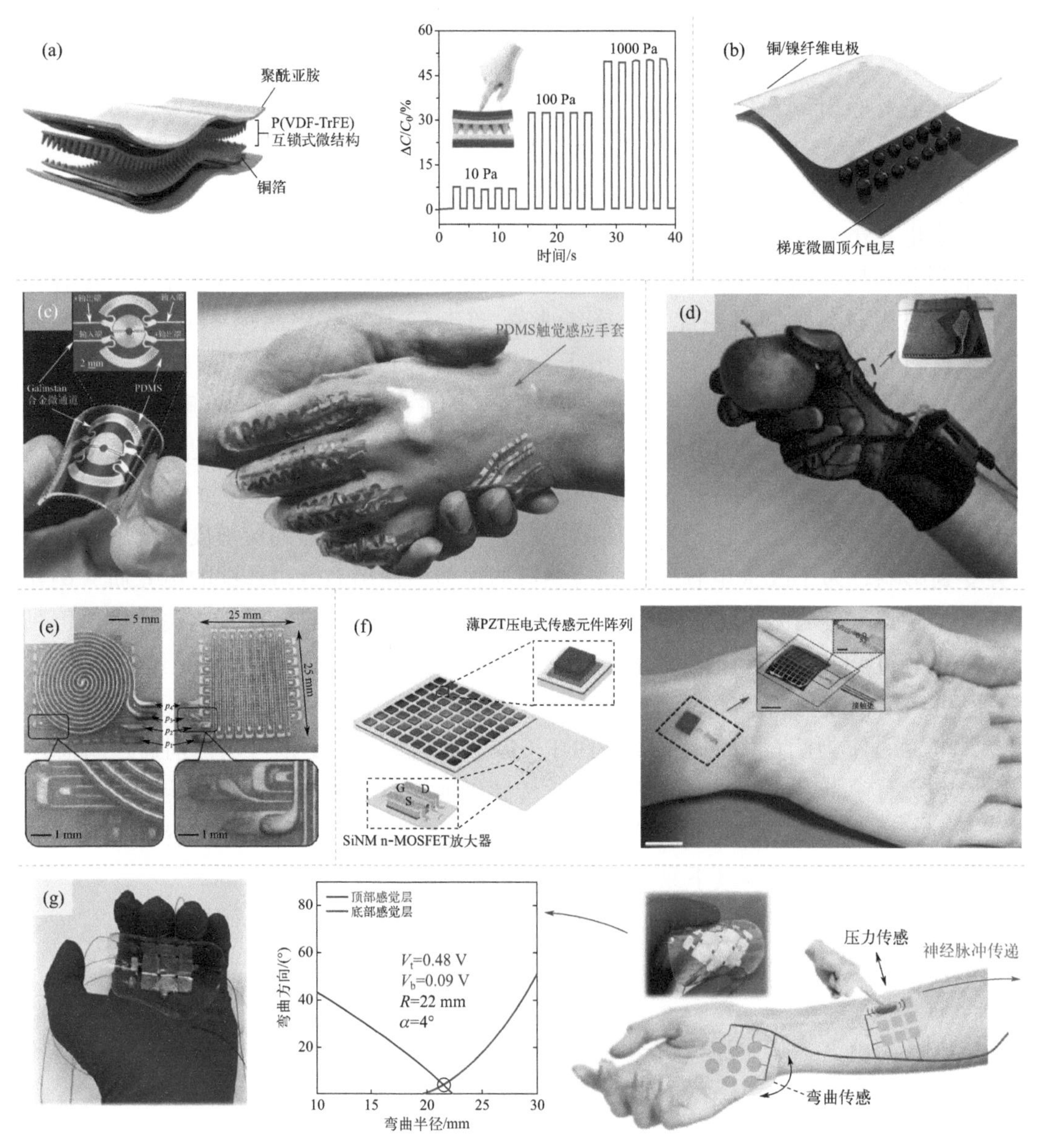

图9-1　具有代表性的电容、压阻和压电触觉传感器的例子:（a）基于P（VDF-TrFE）薄膜的电容式触觉传感器，具有互锁的不对称纳米锥在不同垂直压力下的重复实时响应[42]；（b）基于梯度微圆顶结构（GDA）的电容式触觉传感器[43]；（c）佩戴基于微流体隔膜压阻式传感器的PDMS触觉传感手套进行握手[45]；（d）基于四层织物的压阻式触觉传感器[32]；（e）人工皮肤传感器由多层多层通道组成并填充导电液体，能够检测多轴应变和接触压力[56]；（f）一种基于锆钛酸铅（PZT）薄膜的正方形压电式薄膜传感器阵列层压在手腕上[47]；（g）通过轮廓线进行手部变形检测，该轮廓线基于一种皮肤启发的压电式触觉传感器及其中的实时触觉传感器阵列[48]

器施加应力，材料内部的带隙可以改变，引起载流子迁移率[31]和密度的变化，从而使电阻率显著变化。例如，由能带结构变化引起的压阻可以在石墨烯[30]、硅[32]和CNT中观察到[33]。因此，当向传感器施加压力时，多孔基质中的导电材料之间的面积或导电材料与电极之间的面积增加，会引起电阻变化。最近，研究人员研究了多种纳米结构和材料用作导电材料，例如0 D材料（例如金属纳米颗粒）、1D材料［例如CNT和金属纳米线（NW）］[34]和2D材料［例如MXene[35]和还原的氧化石墨烯（rGO）］[36]。通常，对于基质材料，常使用生态棉[37, 38]、PDMS[39]和聚酯[40]。

压阻式触觉传感器具有灵敏度高、器件结构简单和易于制造的优点［图9-1（c）～（e）］。此外，压阻式触觉传感器不易受噪声影响，这使其成为阵列配置的更好选择[41]，相邻单元之间的串扰或场相互作用较少。然而，压阻感测有严重的滞后，会导致较低且不合适的频率响应，因此其只能用于有限空间分辨率的动态测量[24]。此外，其具有相对高的能量消耗。

9.1.3 压电式触觉传感器

压电式触觉感测通过使压电材料产生机械变形来实现测量。压电触觉传感器存在两种不同的感测机制：一种是利用直接压电效应的被动触觉传感；另一种是基于主动触觉传感技术，充分利用压电材料的逆压电效应。对于被动式，材料在外部应力下极化而产生电荷，电荷密度可以被描述为[25]

$$D_i=d_{ijk}e_{jk} \tag{9-4}$$

式中，D_i是笛卡儿坐标系中i方向的电荷密度；d_{ijk}是材料的直接压电系数；e_{jk}是作为感测输入的外部应力信号。对于主动压电感测，触觉感测结构在其一阶谐振频率下被电致动。当施加外部应力时，产生与外部应力成线性关系的谐振频率偏移。谐振频率可以通过下述公式计算[55]

$$f=\frac{1}{2T}\sqrt{\frac{s}{\rho}} \tag{9-5}$$

式中，T是压电材料的厚度；s是材料的刚度常数；ρ是材料的密度。压电式触觉传感器在图9-1（f）、（g）中展示。

与电容式触觉传感器类似，压电式触觉传感器由沉积有压电材料的夹层结构组成[57,58]。用于柔性压电式触觉传感器的压电材料有锆钛酸铅（PZT）[59]、氧化锌（ZnO）[60]、聚偏二氟乙烯（PVDF）[61]等。PVDF复合材料由于其高柔性、低成本和易于制造的优点引起了研究人员的关注。d_{33}[62]应变压电常数可用于量化压电材料将机械负载转换成压电电势的能力。通常，压电无机材料具有高d_{33}和相对低的柔性，相反，压电聚合物具有高柔性和低d_{33}。因此，许多研究人员试图开发具有高d_{33}的柔性压电式触觉传感器，例如在柔性基板上构建压电无机材料[47]，使用压电聚合物或无机/聚合物复合材料[63,64]。

压电式触觉传感器由于其在外界机械刺激下瞬间产生压电电势的特性，具有良好的高频响应特性，是振动测量的最佳选择[24]。因此，压电式触觉传感器通常被广泛用于检测动态应力[65]，例如声振动、滑动检测等。然而，由于其大的内部电阻和温度敏感性不能被忽略，所以不能测量静态变形。压电材料具有独特的能量收集特性，开发具有低功耗和自供电特性的压电柔性触觉传感器有很大前景。

9.1.4 光纤布拉格光栅触觉传感器

光纤布拉格光栅（FBG）是一种具有波长调制功能的光无源器件。FBG是刻在光纤芯中的反射器。根据耦合模理论，当宽带光沿着光纤传播，到达刻蚀后的FBG时，满足光纤Bragg条件的部分光源将被反射。FBG光纤传感系统的原理如图9-2所示。反射的信号的中心波长λ_B可由下述公式计算得到。

$$\lambda_B = 2n_{eff}\Lambda \tag{9-6}$$

式中，n_{eff}是光纤的有效折射率；Λ是光栅空间周期。

中心波长λ_B对应变和温度敏感。波长偏移和应变之间的关系如下[67]。

$$\frac{\Delta\lambda_B}{\lambda_B} = (1-P_e)\varepsilon + (\alpha_A+\alpha_n)\Delta T \tag{9-7}$$

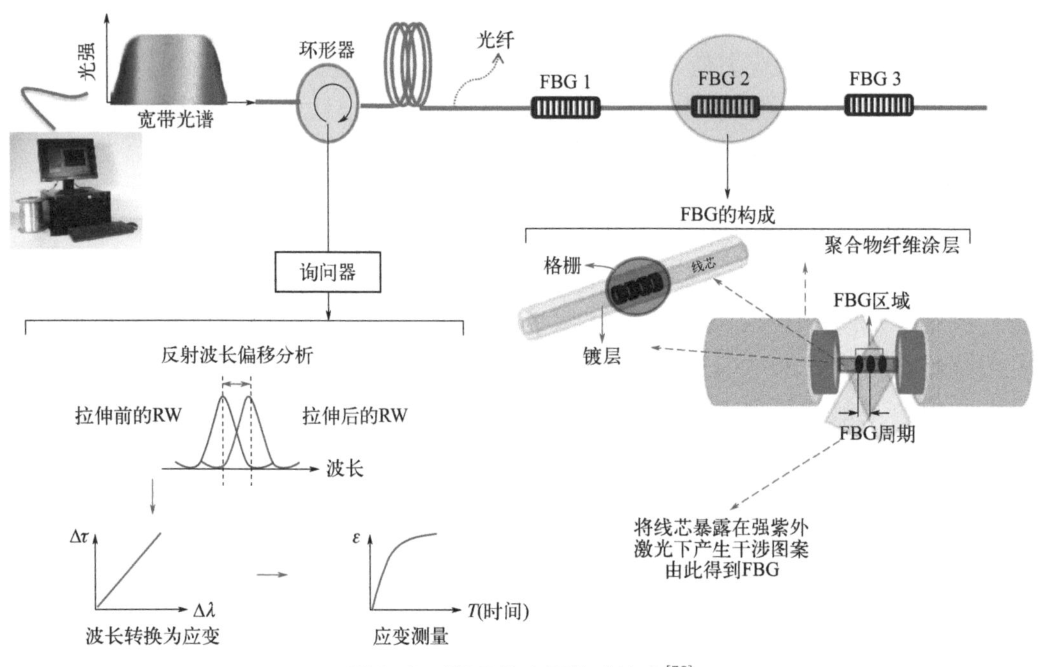

图9-2 FBG的主要传感技术[56]

$$P_e = \frac{n^2_{\text{eff}}}{2}[P_{12} - \upsilon(P_{11} + P_{12})] \tag{9-8}$$

式中，P_e是应变光学系数，其对于特定类型的光纤是固定值；α_A是热膨胀系数；α_n是热光系数；υ是泊松系数；P_{11}和P_{12}是应变光学张量的波克尔系数。应变和温度（ΔT）是相互独立的变量，因此，波长变化和应变之间存在线性关系。忽略温度影响，可以得到光纤布拉格光栅波长与应变的关系。类似地，如果仅考虑应变，则波长变化与温度变化之间也存在线性关系。在实际应用时，需要考虑温度补偿。

在过去的十年中，FBG在广泛的工业场景中受到很大的关注[68]，因为其具有很多优点，例如抗电磁干扰性、振动和冲击耐受性、耐腐蚀性，以及耐极端温度（低温至1000 ℃）和辐射[69-71]。此外，FBG表现出优异的信噪比（SNR）以及对应变和温度的高敏感性。除此之外，其还可以进行长距离路由，损耗可以忽略不计。采用FBG的分布式光纤传感技术受到了极大的关注，大量的应用被开发用于测量物体特征，比如应变、曲率、温度、风速等。然而，FBG传感系统的昂贵和笨重的询问单元是主要缺点。

9.1.5 基于视觉的触觉传感器

基于视觉的触觉传感技术虽然已有几十年的历史，但近年来仍然是研究的热点之一。目前有很多流行的基于视觉的触觉传感器，例如GelSight[72,73]、GelSlim[74,75]、TacTip[76]、Soft-bubble [77]、FigerVision[78,79]等。在这里，我们以GelSight作为示例介绍基于视觉的触觉传感器的主要传感技术，如图9-3所示。

基于视觉的触觉传感器光源结构通常由三个主要部件组成：摄像头成像系统、光源和带有标记的柔性接触层。早期的研究主要集中在测量波导-弹性体界面处全内反射（TIR）的挫折[80]。首次接触的表面被成像系统捕获为触觉图像。随后，利用计算机视觉技术对触觉图像进行分析，最终获得物体的形状、尺寸、粗糙度等触觉特征。随着基于视觉的触觉技术的发展，可以通过测量放置在传感器表面的标记的位移来获取接触表面的信息[78]。除此之外，还容易获取依赖于摄像头分辨率和标记密度的力场高空间分辨率。由于位移与外力成比例，因此也能高精度地获得标记的位移。

在2009年，约翰逊等人首次引入了一种名为GelSight的视触觉传感器。作为最流行的基于视觉的触觉传感器之一，GelSight由一家公司（GelSight Inc.，位于美国马萨诸塞州沃尔瑟姆）推出[87]，它包括一个可变形的弹性体片（作为接触介质），一个三色光源和一个嵌入式摄像头（用于捕捉弹性体表面的变形）。值得注意的是，GelSight具备捕获与材料无关的微观几何形状的能力，并且可以独立地应用于具有特定光学特性的接触表面。基于摄像头图像，GelSight能够重建接触表面的高分辨率3D几何形状，如人类指纹、饼干、20美元钞票和装饰性别针。除此之外，法向力和剪切力可以通过位于传感器表面的小黑色标记的运动来估计。

还有另一种基于视觉的触觉传感器，采用了透镜阵列和成像器组成的复眼相机[88]。这种系统可以提供高空间分辨率的触觉和接近信息，对于抓手的抓取控制至关重要[51]。具体地说，触觉信息通过导光板来获得红外图像，根据复眼相机图像的立体匹配来检测邻近信息。该触觉感知系统并不依赖于物体的力量大小，因为它可以通过视觉来感知接触。不过其缺点在于受物体的光学特性和复眼相机的可用性影响较大。

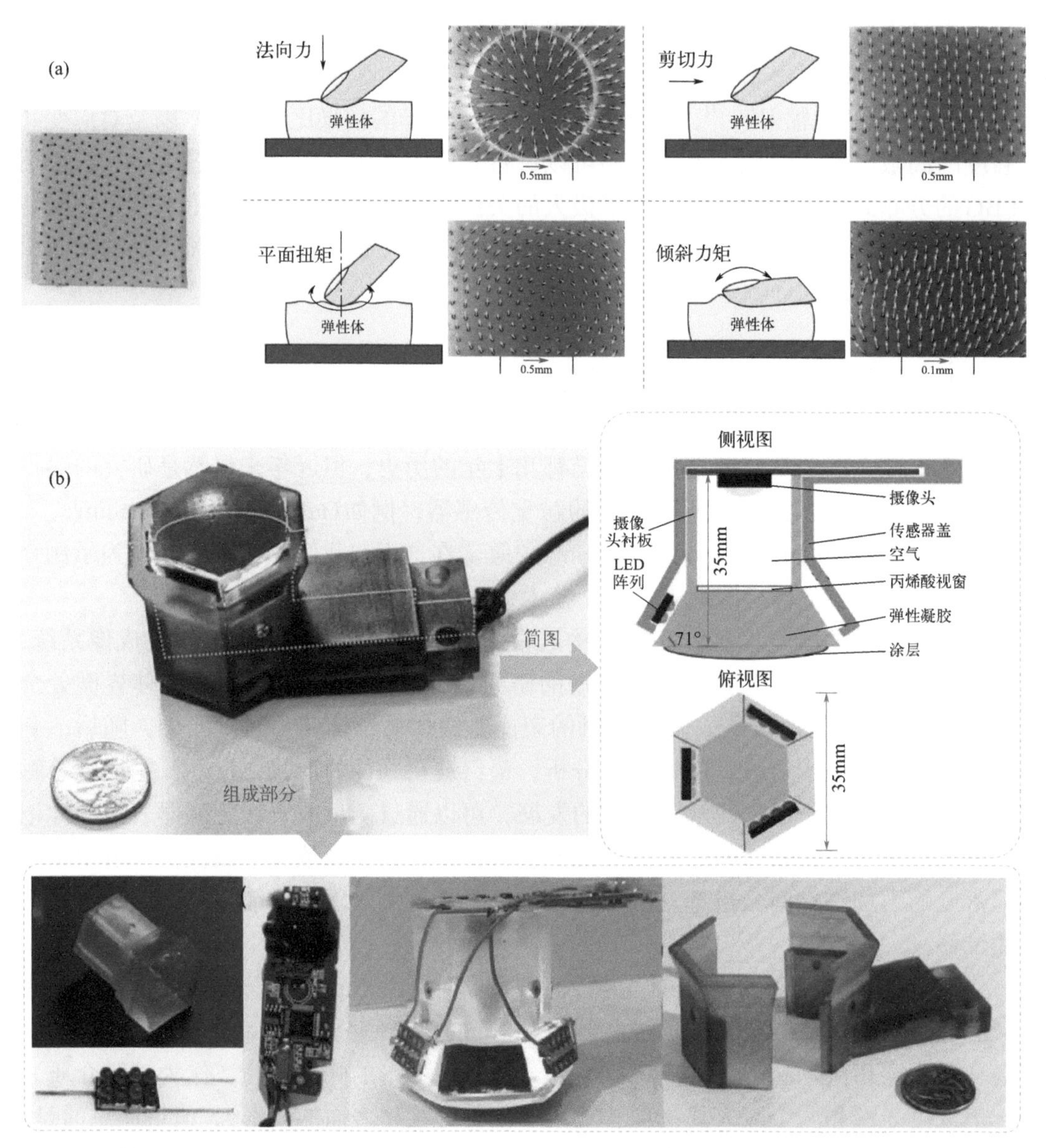

图9-3 基于视觉的触觉传感器的主要传感技术。（a）带有弹性体打印标记的GelSight触觉传感器，标记物的运动幅度大致与力/力矩值成正比[72]；（b）一种新设计的GelSight触觉传感器与3D打印传感器框架，包括2×4的LED阵列、罗技C310无盖网络摄像头、传感器和3D打印的传感器盖[73]

9.1.6 摩擦电触觉传感器

摩擦电纳米发电机（TENG）由Wang研究小组于2012年首次推出[89]。由于其在能量密度和瞬时转换方面的高性能，已被广泛应用于能量收集和智能穿戴。近年来，许多研究人员利用摩擦电效应开发了不同类型的摩擦电触觉传感器。通过接触起电和静电感应的耦合作用，具有不同摩擦电极性的两种接触材料之间存在有效的力电转换机制[90]。

对于垂直接触分离模式［图9-4（c）］，TENG的工作原理可以被详细描述为由两个摩擦极性的内表面上的相反摩擦电荷的循环分离和重新接触引起的电势差的周期性变化[93]。当在TENG上施加外部机械扰动时，如图9-4中Ⅱ所示，两个摩擦电极的内表面接触，并且电荷将在两种材料之间转移。此时，具有强电子吸引能力的

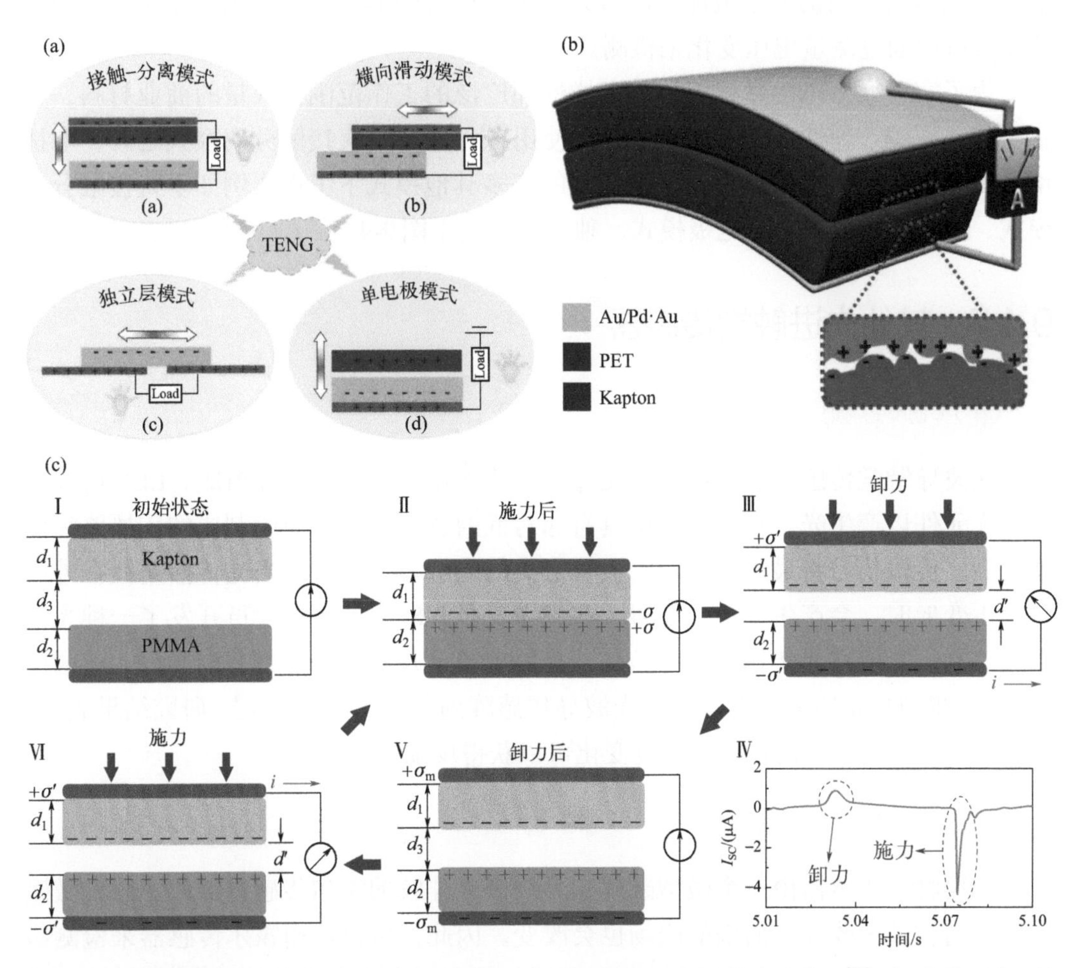

图9-4 摩擦电纳米发电机的结构和工作原理。（a）介质到介质模式的理论模型[91]；（b）第一个柔性TENG的结构[89]；（c）TENG的工作原理[92]

材料表面将产生负电荷，另一材料表面具有正电荷。当外力卸除时，由于带相反电荷的两个表面的分离而产生电位差［图9-4（c）中Ⅲ］。为了平衡电位差，电荷将在此过程中通过外部负载从一侧流到另一侧，直到器件再次回到平衡［图9-4（c）中Ⅴ］。一旦两个摩擦电极再次被压向彼此，由于层间距离的减小，电位差将下降到零。在该过程中，将通过外部负载产生相反的电流，如图9-4（c）中Ⅵ所示。因此，只要外部机械扰动持续，将产生连续的交流（AC）脉冲。这种方式的优点是结构简单，法向力有自力感。

值得注意的是，摩擦电触觉传感器和压电触觉传感器有相似之处，一是压电效应和摩擦电效应都产生静电效应，利用电荷变化响应外部信号；二是它们都具有低功耗和自供电的特点，具有非常广阔的应用前景。然而，两者的触觉传感机理明显不同。摩擦电触觉传感器的传感机理是利用两层具有不同电极性质的薄层材料之间的摩擦效应发生电荷转移，从而在两者之间形成电位差以响应外界刺激；而压电式触觉传感器的感测机理是施加外部压力使压电材料变形从而引起电压变化，所施加的压力可以通过测量电压变化来检测。

为了实现摩擦电触觉传感器的多样性和广泛的工作范围，大量的商业材料，包括塑料、橡胶、弹性体和金属已被广泛使用[94]。除了垂直接触分离模式之外，摩擦电触觉传感器可以在由其设备架构确定的许多其他模式下工作，例如垂直接触分离模式、横向滑动模式、单电极模式、独立层模式［图9-4（a）］[95-97]。

9.1.7 其他先进触觉传感器

（1）光波导触觉传感器

光波导触觉传感器通常由发光元件、光传播路径和光敏元件组成。LED可以用作发光元件以产生光。在光通过由具有相对低的透光率的硅树脂制成的传播路径传播之后，传输信号将最终由光电二极管之类的光敏元件接收。当光传播路径在外部刺激下变形时，会产生变化的信号。在参考文献[98]中，研究人员开发了一种光波导传感器，能够在光传播路径被拉伸或压缩时检测反馈信号［图9-5（a）］。英国伦敦国王学院的Liu团队开发了一种光波导传感阵列[99]［图9-5（b）］。研究结果表明，在外界压力作用下，通过光的强度变化可以获得反馈信息。

（2）磁场触觉传感器

磁场触觉传感器由一个微型磁铁和一个嵌入硅胶的霍尔传感器组成。假设微磁体的方向被外力改变，周围的磁场也会改变。因此，可以使用霍尔传感器来检测磁场的微分值。例如，Shigeki Sugano在英国伦敦玛丽女王大学的团队[100]利用这一原理开发了一种用于指尖的磁场传感器阵列，可以检测空间三轴力［图9-5（c）］。

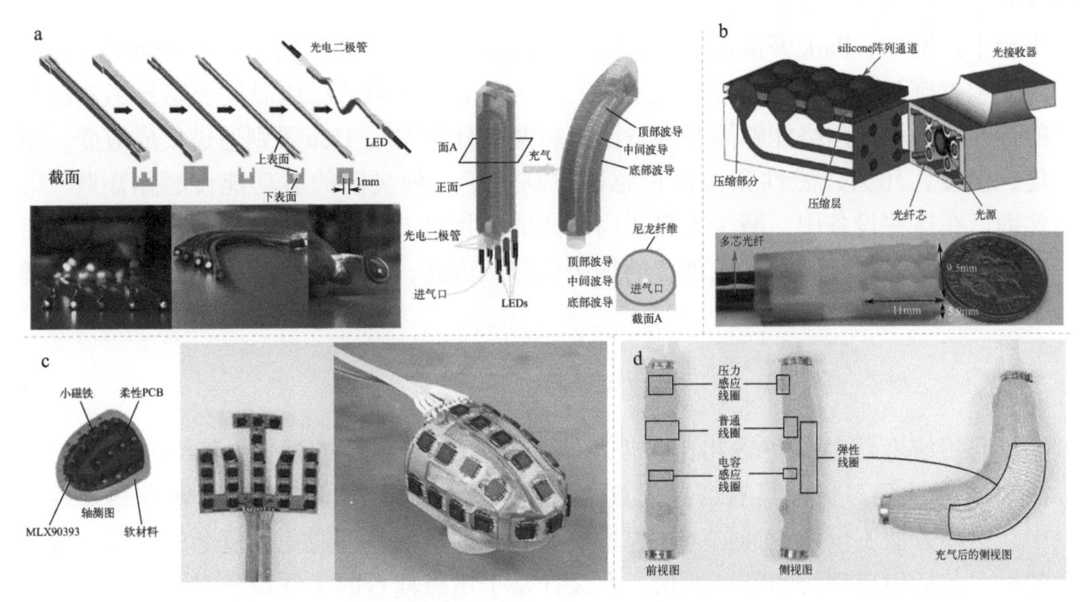

图9-5　其他具有代表性的先进触觉传感器的例子。(a) 所制作的波导从一端以弯曲的形状插入各种颜色的LED[98]；(b) 微创手术中的光学软触觉阵列及触觉传感器原型[99]；(c) 针对指尖的uSkin的概念性设计，包括硅胶皮肤在内的指尖尺寸在30 mm×35 mm×28 mm以内，每个指尖可以用24个3轴霍尔效应传感器测量24个力向量[100]；(d) 机器针织感应集成智能执行器，针织护套前面有3个相间的压力传感器和3个相间的扫频电容感应电极，针织护套背面选定位置的弹性针可使执行器弯曲[18]

(3) 智能纺织品和纤维

由于先进材料、设计和制造技术的创新，各种传感能力，如电感、电容和电阻，已被集成到纺织品中。由于柔性设备的使用和关注度的增加，越来越多的研究集中在通过纺织应变传感器来感知外部触觉信息，因此产生了诸如交互式输入设备[101-103]和感测可穿戴设备[104,105]的大量应用。一种新的传感结构是通过机器编织将导电纱线集成到感测架构中［图9-5（d）］[18]，即使存在很大的基于致动的变形，也能够进行鲁棒传感。

9.1.8　触觉传感器系统集成方法

随着人工智能和电子信息技术的发展，软体机械手触觉感知系统的集成化和智能化程度显著提高。这一趋势主要体现在以下三个方面。

(1) 多模态触觉传感器

随着材料和传感技术的不断进步，仅感知单一物理量的传感器已不能满足需求，越来越多的研究者开始研究多模态触觉传感器系统。这些系统可以分为两种类型，一种是利用单一传感器模块响应多种刺激，另一种是将多个传感器集成到单个平台中。例如，Park等报道了一种触觉传感器，具有互锁微圆顶阵列几何形状，其电阻根据施加的压力和温度而变化[106]。Someya等证明了层压温度敏感传感器网络的顶部压力敏感网络能够同时测量压力和温度分布[107]。Hua等则通过集成应变、温度、湿度、压力、磁性和接近传感器，制造了一种灵活的多功能传感器矩阵[108]。然而，在这些设备中，减少来自不同刺激的干扰是一项具有挑战性的任务。因为传感材料通常对多种刺激产生耦合的输出信号，因此，减少来自不同刺激的干扰需要解决数据信号处理的问题。

（2）无线数据传输

与传统有线数据传输相比，近年来出现了将传感器与无线通信组件集成的方法[109]。无线信号传输具有许多优点，特别适于集成在软体机械手的触觉感知系统中。这种方法不仅便于通信、能提供更大的移动自由，还避免了复杂的布线。常用的技术包括电磁耦合和蓝牙通信。在设计基于电磁耦合的无线设备时，需要考虑多个因素，如频率范围、品质因数（Q因数）和效率[110]。同时，设计机械上适于目标表面的天线结构至关重要，因为天线结构的机械变形会影响谐振频率和Q因数，从而影响信号传输性能。通过在柔性印刷电路板（FPCB）上安装小型蓝牙模块，可以进一步提高集成蓝牙的无线传感平台的灵活性和可穿戴性。例如，Gao等开发了完全集成的可穿戴传感器阵列，能够通过多路复用传感器阵列来捕获人体皮肤上的温度和化学物质信号，通过FPCB上的集成电路处理数据，并使用蓝牙将数据传输到移动设备[111]。

（3）电源管理

应用于软体机械手的触觉感知系统需要长时间操作，或在有限电源条件下在各种场景（如深海勘探或空间采样）中工作。近年来，设计了低功耗甚至自供电的触觉传感器策略，以克服长时间监测的能源限制[112]。随着集成了大量传感器和电子元件的触觉传感器的研发，为这些系统提供稳定、有效的电力供应已成为具有挑战性的任务。除了高能量需求外，紧凑且柔性的能量收集和存储装置对于柔性系统的便携性和可用性也至关重要。为了提供自我可持续的触觉系统，研究人员广泛研究了从外部来源收集能量，如机械能、海洋能源和太阳能的自供电传感器[114-116]。此外，柔性电池和能量存储装置的研发也在积极推进，这些装置能够存储过剩的能量以用于其他组件，如读出电子器件，以持续和可靠地为整个系统供电。通过选择合适的材料和电化学性能，以及采用新颖的设计，降低形状因素的影响，提高电池和超级电容器的效率[117]。

触觉传感器的小输出信号必须经过滤波和放大，以用于信息处理。然而，传感器与处理电路之间的互连会引入额外的噪声，并增加总面积。为了缓解这一问题，研究人员一直在探索新的器件结构，以将触觉传感器与晶体管直接集成。此外，不仅要优化单个触觉传感器的性能，还要发展触觉传感器阵列（用于大面积压力检测），以及多模式触觉传感器，实现多功能感知。另一方面，关于当前的集成工艺，虽然硅集成电路在低功耗、高性能计算方面取得了重要进展，但在硅芯片上制造柔性电子器件仍然具有挑战性。柔性混合电子（FHE）技术充分利用了这两种不同技术的优势，以更好地满足触觉传感器应用的需求[118]。

9.2 触觉感知模态和方法

软体机械手相对于传统刚性机械手更具优势，包括更安全地与非结构化环境安全交互的能力和灵活性。为了增强智能感知能力，研究人员已经广泛采用各种触觉传感器来获取对象的特征信息。同时，一些机器学习方法也被应用于软体机械手的触觉传感（见表9-4），开发出了多种感测方法和模态，用于测量力、滑动以及物体属性，包括尺寸、曲率、刚度、硬度、粗糙度、纹理等。

表9-4 用于触觉感知软体机械手的典型的机器学习方法

触觉传感器	特征提取	机器学习方法	目的
基于视觉的触觉传感器	触觉图像	GoogLeNet全卷网络（FCN）	目标分类，管道检测
uSkin触觉传感器	力向量	卷积神经网络（CNN），递归神经网络（RNN），前馈神经网络（FNN）	对象识别
纤维布拉格光栅	波长变化	CNN	直径和刚度预测
微流控触觉传感器	电阻变化	CNN支持向量机（SVM），K-最近邻（KNN）	对象分类
力敏电阻器	触觉图像	CNN Bayes	大小和形状检测
应变计	线性位移	隐马尔可夫模型（HMM）	滑移检测
GelSight	触觉图像	深度神经网络（DNN）	滑移检测
TacTip	触觉图像	SVM	滑移检测

9.2.1 力感测

力感测对于软体机械手至关重要，因为软体机械手与周围环境的相互作用需要安全可靠。通过对接触力的大小、方向和分布的感测，可以直接获得被抓物体的重量和软体机械手的受力状态[119]。当存在基于力反馈的控制策略时，软体机械手可以自适应地调整抓取力和姿态[121]。除此之外，基于有效的控制策略，软体机械手还可以在黑暗条件下或水下浑浊环境中灵巧地完成任务[126-128]。

大量商用触觉传感器以其稳定性好、结构简单、性价比高等优点被广泛应用于软体机械手中。Murakami等开发了一种简单的指尖与软皮肤和六轴力/扭矩传感器[129]。当指尖接触到物体的边缘时，它具有测量边缘方向的能力。六轴力/扭矩传感器也被嵌入在三指抓手的指尖，以测量接触力并执行水下任务[130]。利用嵌入在硅树脂双指机械手指尖中并放置在霍尔效应传感器上的磁体来实现触觉感知[132]。上述研究探讨了两种策略，一种是反应性抓取策略，使用触觉感知来启动抓取；另一种是传统的预测策略，即利用物体抓手接触点的估计来抓取。研究人员比较了两种策略的表现，触觉传感器反馈的集成具有更高的抓取鲁棒性。M.Tavakoli等开发了一种硅树脂皮肤，与六个电容传感器集成。分布式传感节点用来获得初步抓握时的信息。但由于传感器数量有限，获得的数据不充分。S.Yang提出了一种微机电系统（MEMS）抓手[133]，它集成了静电致动器和电容式力传感器。该机械手可在698.271N的力范围内，用一个传感器检测两个垂直的力，其分辨率为0.581N。尽管如此，抓手没有区分相互作用和夹持力。Lu等提出了一种具有可重构机制和集成到手指和手掌中的触觉传感器（GTac）的机械手[134]。该机械手可通过228个150 Hz的触觉反馈信号（法向力和剪切力）抓取多种物体，并通过闭环控制实现平移和旋转等操作。

由于机械手结构的限制，加强对物体的感知精度势在必行。敏感和强大的电活性聚合物触觉压力传感器被开发用于触觉指尖[135]，它可以提供1 mm的分辨率，并在其最大灵敏度模式下检测低至0.05 N甚至0.005 N的非常轻的压力。

为了在诸如EMI、振动和冲击、腐蚀和极端温度等恶劣环境中准确地检测力，FBG近年来也被采用[138,139]。一种双指灵巧手被描述[140]，它结合了光纤，用于精确的力传感和接触位置的估计，其最小可检测力的变化小于0.02 N，实际力测量分辨率达到0.15 N下的主频在167 Hz。然而，频率受到机械手指系统的限制。研究人员提出了一种双指机械手，该机械手可以使用具有17个FBG的单根光纤测量超过1 kHz的法向和双轴剪切应变［图9-6（a）］[41]。传感精度与商用多轴测力传感器的测量精度几乎相同。Kim等提出了一种基于嵌入在简单坚固结构中的FBG的具有集成力传感器的机器人末端执行器[141]，可以使用分层深度神经网络准确地检测所施加的力的大小和位置，以进行高性能的远程操作（两轴上接触位置的均方根误差为0.43 mm和1.11 mm，接触力大小的均方根误差为1.16N）。

目前，基于视觉的力检测技术由于成本低、分辨率高、传感信息丰富等优点而被广泛应用于力检测。研究人员开发了一种安装在机器抓手上的手指形状的GelForce，可以通过观察方法测量力矢量的分布或表面牵引力场[142,143]。由研究人员提出的触觉传感器GelSlim 2.0的新版本，可以使用数值方法（逆有限元法）来实时估计接触力分布，以基于标记位移重建接触力分布[144]。重建合力在（x，y，z）方向上的标准差分别为（0.244N，0.201N，0.322N），与真实值相差约15%。除此之外，还采用了力感测法。基于图像的触觉传感器的信息结合输入负载在各种运动中被用

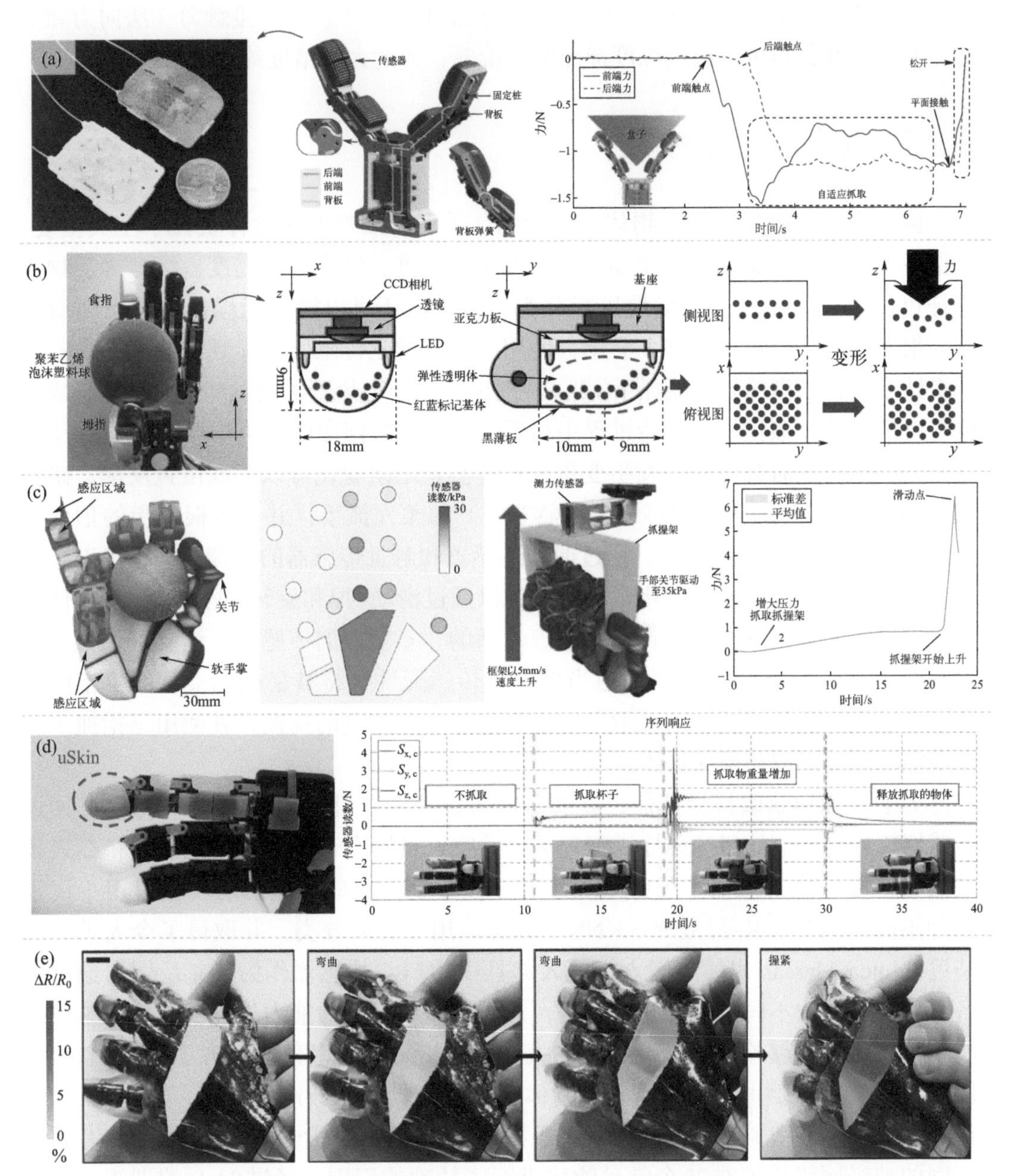

图9-6　力传感技术的例子：(a)双指夹具在远端指骨上安装有基于FBG的多轴传感垫，每个塔式结构包含四个FBG，提供三轴力信息[41]；(b)带有指状GelForce的机械手[136]；(c)带有活动手掌和分布式触觉气动传感器的柔软机械手，当柔软机械手抓住一个球体时，可以检测到内部压力的变化[137]；(d)快板的指尖、指骨和手掌上覆盖着uSkin[100]；(e)假肢手进行握手动作的过程示意图，SiNR应变计阵列的阻力变化时空图显示在手背的相应位置[17]

来训练神经网络估计触觉接触的位置、面积和力的分布[145]。一种拇指大小的基于视觉的传感器Insight，具有精确的全方位力感知能力[146]。三维接触力（法向力和剪切力）的空间分布可以通过深度神经网络推断，力的大小精度约为0.03 N。

9.2.2 物体属性传感

更安全、更灵巧地抓取物体，获取物体的各种属性对于软体机械手至关重要，包括各种各样的对象属性，比如大小、曲率、刚度、硬度、粗糙度、纹理等。物体特征可以通过触觉感知准确地进行分类，基于此还可以解决无损伤的自主抓取问题。很多学者已经进行了许多尝试，使用不同的触觉传感器来检测对象属性。Yang等设计了一种新型的软智能抓手[148]，并提出了由导电热塑性聚氨酯（TPU）制成的位置反馈模块，该模块在制造过程中与手指集成并共同印刷。由于导电TPU的压阻效应，手指弯曲时其电阻会发生变化，通过测量电阻变化可以实现位置反馈。研究人员提出了一种具有可变有效长度（VELS）的柔性抓手，并在每根手指的顶部嵌入一个EGaIn曲率传感器[147]。通过曲率传感器和触觉传感器的反馈，抓手可以感测其在物体上滑动时的曲率变化，并且还可以通过滑动-捏和旋转-捏方法感测物体的形状。研究人员设计了一种自供电的、灵活的、多功能的传感器，结合聚偏氟乙烯薄膜和微结构干扰层[150]，通过适当地设计传感元件并将其集成到柔软的手指中作为卡住层之一，他们成功地获取了手指弯曲曲率和刚度的反馈，并使用三指抓手及多功能传感器抓取和操纵物体。

为了准确地获取目标特征，许多研究人员开发了机器学习（ML）方法，通过传感器阵列对不同的目标属性进行分类。研究人员提出了基于FBG的用于机器人指尖的粗糙度识别传感器［图9-7（f）］[40]。该传感器对应变敏感的特性可用于识别三种不同材料。将K-最近邻（KNN）算法应用于材料分类，并取得了令人满意的精度。Luca Massari也使用嵌入机器人夹具中的FBG传感器作为触觉反馈，通过在各种条件下抓取不同对象的几个任务，对系统获取信息的能力进行了评估。结果表明，该机械手能够检测被抓取物体的大小和刚度（准确率分别为99.36%和100%）。此外，软体机械手可以抓取易碎的物体而不会使其断裂或产生滑动。将uSkin触觉传感器嵌入在五指抓手中，并在所有手指中总共提供240个三轴力矢量测量[119]，用不同的神经网络模型对20个常见物体进行了精确的识别，经过84.4s的训练，最高识别率可达95%。使用由三指软体机械手上的力敏电阻器收集的触觉信息识别可变刚度物体［图9-7（e）］[121]，每个3D触碰过程生成15 × 50像素的时空触觉图像，然后输入卷积神经网络（CNN），用于区分被厚软泡沫包围物体的3D形状和大小；除此之外，使用朴素贝叶斯分类器的方法达到了97%的识别准确率。Xie提出了用GelSight触觉传感器来估计物体的硬度[150]，通过比较接触面积和接触表面的变化来估计物体硬度，所提出的硬度估计模型只适用于半球形物体。

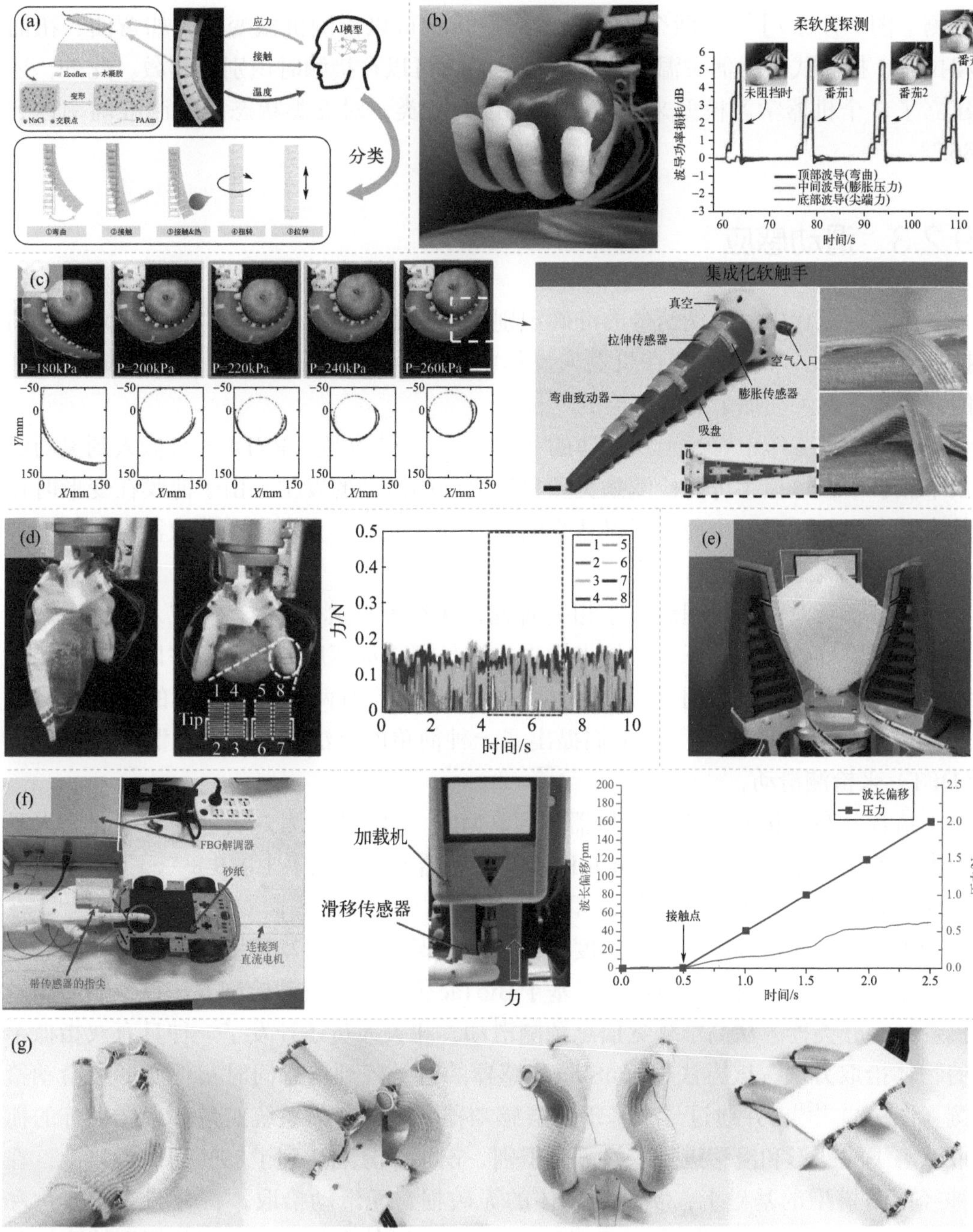

图9-7　物体特征的触觉感知技术的例子：（a）通过水凝胶传感器和机器学习来区分软执行器的热刺激和机械变形[16]；（b）通过可伸缩的光波导而受光电支配的软假肢手[98]；（c）一种基于横向可伸缩传感器的本体感觉软触手钳[15]；（d）一种带有微流控触觉传感器的软夹具，用于可变形物体的分类[120]；（e）利用CNN-贝叶斯算法进行不同刚度对象的识别[121]；（f）基于FBG的机器人指尖的滑移和粗糙度检测[40]；（g）采用机械针织技术进行集成传感的气动执行器的数字制造[18]

Sun等将软手指与双向可拉伸水凝胶传感器进行集成，用于本体感受和多模态感测［图9-7（a）］[16]。两个传感器的应变传感可以检测机械变形，如弯曲、扭曲和拉伸。接触式传感器对温度变化高度敏感，可以在接触时识别热刺激。此外，还建立了一个机器学习模型来对各种状态进行分类，对五类状态的预测准确率达到86.3%。

9.2.3 滑动感应

在抓握过程中，滑动信号的准确识别有助于提高抓握准确率，从而实现稳定的抓握[156]。因此，滑移检测在机器人操作中起着至关重要的作用，近年来越来越多的研究者开始关注抓手的滑移检测[157]。

在早期的工作中[13]，一层薄薄的（52 μm）压电薄膜（PYDF）被嵌入到灵巧的水下抓手中，该抓手可以检测指尖和目标之间的滑动的发生。由于薄膜在变形时在其表面产生（瞬时）电荷，通过适当的信号处理，可以充当振动拾取器，这是一种通过滑动检测感受振动的方法。

许多学者对滑动机理展开了相关研究。在参考文献[40]中，研究人员提出了一种利用二阶导数计算光纤布拉格光栅中心波长漂移加速度的方法，并以此来检测光纤布拉格光栅的滑移。还有研究人员开发了一种具有两个弹性手指的抓手，将应变计嵌入在手指的底部[158]，他们提出了一种简单的算法，即根据离散傅里叶变换（DFT）来检测滑动。

结合分布式传感器阵列和机器学习（ML）的滑动检测方法也受到了研究人员的大量关注[159]。配备有SynTouch BioTac传感器的平行抓手［图9-8（c）］不仅可以响应接触和变形，而且还可以测量由物体滑过平行抓手表面而产生的振动[152]。在每个手指上，来自神经网络的速度估计被用作保持所需滑动速度的闭环抓握控制器的反馈。类似地，研究人员探索了基于BioTac传感器的滑动检测方法，他们使用随机森林（分类器）从高维触觉信息预测滑动。相关人员还开发了一种具有双指抓手的物体拾取方法，该方法根据uSkin传感器的触觉阵列信息同时实现变形和滑动检测（图9-8）[154]，并通过一个基于多层感知器（MLP）的系统对各种未经训练的抓取状态下的变形和滑移进行了检测与识别，识别率分别达到了89%和95%以上，在神经网络模型的基础上，实现了物体的无破损、无滑动拾取。将分布式应变片和PVDF薄膜嵌入人工手指[122]，采用手指-物体接触的多维时间序列数据训练隐马尔可夫模型（HMM）分类器，可以预测滑动，准确率为96%。

研究人员还开发了一种基于视觉的触觉传感器，将其用来检测滑动[84]，并提出了一种新的抓手GelSight，基于此计算了两个相邻帧之间标记点和物体纹理的平移和旋转，然后比较了标记点和纹理之间的运动差异[73]。假设存在一个超过阈值的显著差异，或者累积的相对平移或相对旋转量较大，则可以认为该物体正在发生滑

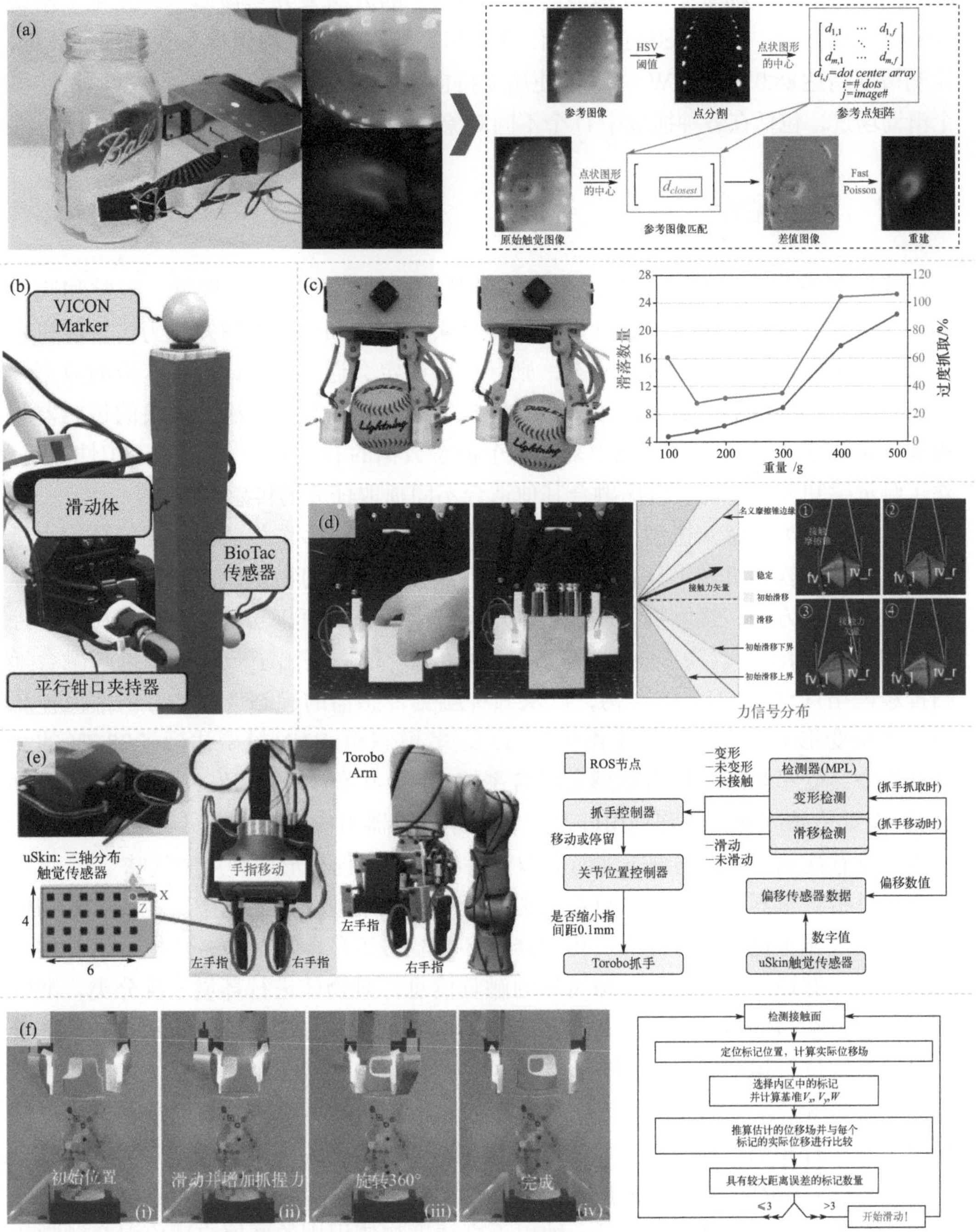

图9-8 关于滑动的触觉传感技术的例子：（a）将GelSight触觉传感器集成到一个柔顺的机器人鳍射线夹持器中[39]；（b）控制抓握滑动的触觉速度估计[152]；（c）用多指触觉机械手进行稳定抓握时的滑移检测[124]；（d）有效估计基于手指视觉的触觉传感器的接触力和扭矩[153]；（e）使用双指抓持器测量变形，基于三轴触觉感知测量变形和滑移[154]；（f）通过监测基于早期滑移的GelSlim触觉传感器，保持抓握在滑动范围内[155]。

移。J. Li提出了一种基于深度神经网络（DNN）的方法来分类物体是否发生了滑动［图9-8（e）］[123]。通过GelSight触觉传感器和安装在夹具上的摄像头获得训练数据，检测精度高达88.03%。J. W・James使用支持向量机（SVM）来检测滑动并测试了多个滑动场景，包括在各种抓取中11个不同对象的真实的滑动响应［图9-8（d）］[124]。

9.2.4 感知融合

我们知道，除了触觉之外，还有许多其他的感觉形式，如视觉、嗅觉和听觉等，这些感觉形式帮助人类建立了对环境真实、美妙和强大的感知能力。智能机器人系统如果仅依赖单一的传感模态，则其应用必定会遇到问题，例如获取的数据不足、有限范围的空间覆盖以及不太可靠的控制。将一些与触觉感知相关的传感器与机器人系统融合是从外部环境中采集多个模态数据的有效方法[169]。对于柔性抓手，除了触觉感知外，还需要考虑融合其他适合不同抓取任务的传感方式。

类似于人类的感知机制，智能软体机械手可以通过多个传感器从周围获取大量信息，从而使软体机械手具有更好的抓取性能和更准确的物体识别能力。例如，Jia等提出了一种方法，接触物体时，可利用机器人的指尖直接与粒状介质颗粒在遥控系统的相互作用[167]。为了估计指尖的接触状态，他们提出了一种称为稀疏融合递归神经网络（SF-RNN）的架构，以从三种触觉传感器的模态（振动、内部流体压力、指垫变形）中提取特征［图9-9（a）］。多模态SF-RNN模型达到了98.7%的测试准确率。受星鼻鼹鼠的自然感觉融合系统［图9-9（b）］的启发，Liu提出了一种触觉-嗅觉传感阵列，该阵列由硅基力和气体传感器组成，具有高灵敏度和稳定性，可以在没有视觉输入的情况下实时获取各种物体的局部外形、硬度和气味[168]。

通过结合机器学习策略，可在救援场景中如黑暗或密闭空间中实现稳健的物体识别。在气体干扰、物体掩埋、传感器损坏和救援等危险场景中，机械手上的柔性传感阵列能够通过触摸物体获取可靠的触觉信息，对物体进行环境干扰分类，准确率达到96.9%。Liu等提出了一种多模态灵活的感觉接口，用于交互式地教导软体机械手熟练地执行运动[53]。他们开发了一种基于TENG和液态金属传感的灵活双模智能皮肤（FBSS），可以同时执行触觉和非触摸传感，并实时区分这两种模式。他们还提出了一种距离控制方法，使人类能够通过裸-手-眼协调来教软体机械手动作。手指与FBSS集成的软体机械手具有通过触觉和非接触感测“搜索和抓取”对象的能力［图9-9（c）］。他们开发了一种用于高精度物体识别的摩擦电感应混合触觉传感器[42]，如图9-10（a）所示。这种混合触觉传感器集成了摩擦电主动传感单元与电感换能器。摩擦电主动传感单元可以检测目标物体的表面材料的特定电荷相互作用特性，而电感换能器可以在物体内部的一定深度表现出电磁感应特性。他们开发了一种经过适当训练的机器学习算法来处理双模式传感信号，嵌入这种混合触觉传感器的软体机械手可以成功识别八种不同的水果，准确率为98.75%。

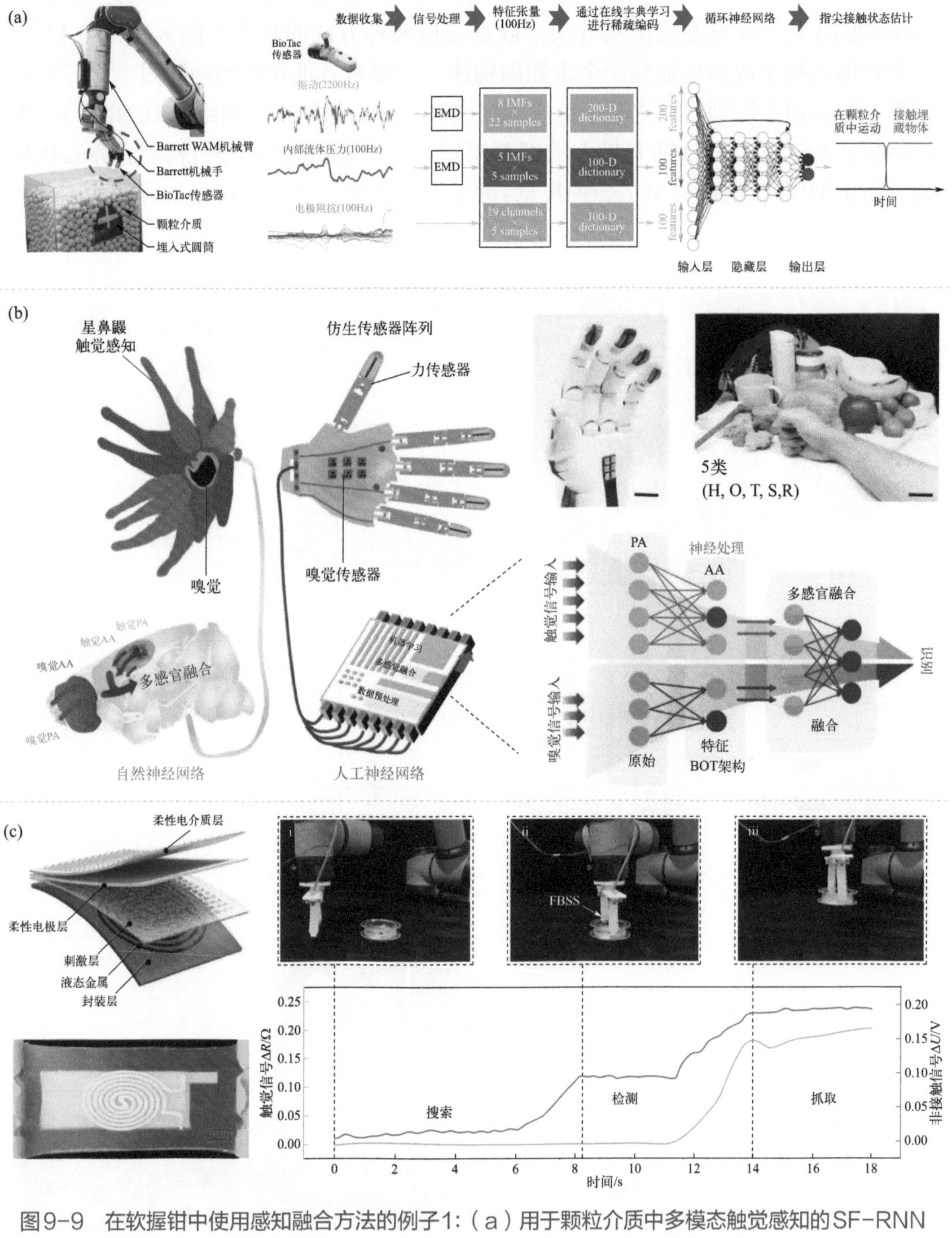

图9-9　在软握钳中使用感知融合方法的例子1：（a）用于颗粒介质中多模态触觉感知的SF-RNN模型体系结构[167]；（b）受生物化学启发的触觉-嗅觉相关的智能感官系统[168]；（c）与FBSS集成的软抓持器具有通过触觉和无触控感知来“搜索和抓取”物体的能力[53]

在抓取系统中，视觉和触觉传感技术是两种常用的技术。然而，视觉识别通常受到对象的大小和重量的限制，触觉识别有时表现出低效率。为了解决这些问题，Jiao等提出了一种视触觉识别方法，以克服这两种方法的缺点［图9-10（b）］[170]。一个软体机械手成功地抓住一个未知的物体，需要有效地和准确地通过一个三步的过程，包括初步识别的视觉基于更快的区域为基础的卷积神经网络（RCNN）模型，在触摸的加工学习算法的基础上的细节识别，在决策层的数据融合。与Wang团队的工作类似[172]，他们提出了一种视觉-触觉融合框架，该框架在复杂背景和不同光

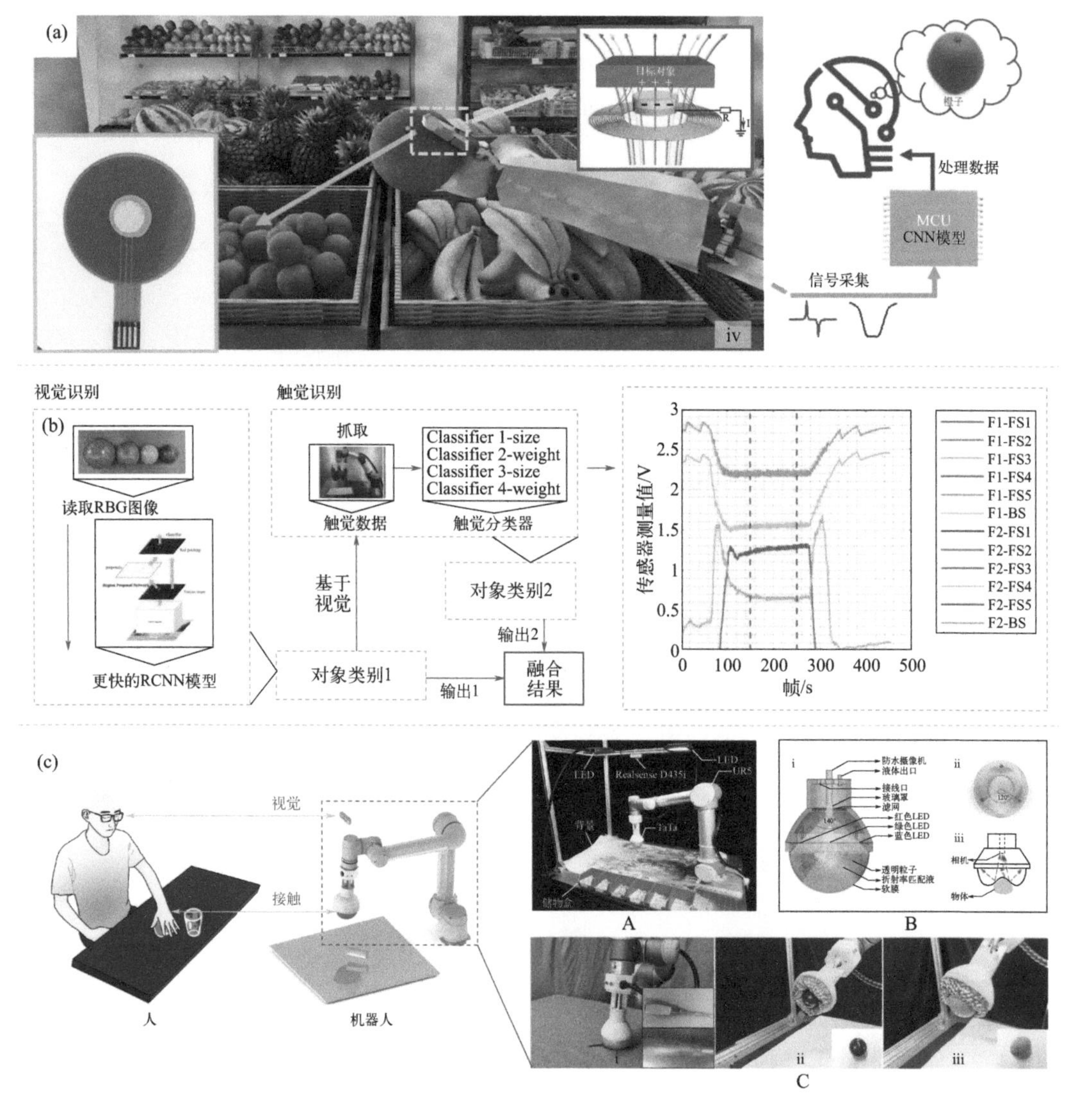

图9-10 在软体机械手中使用感知融合方法的例子2：（a）一种用于高精度物体识别的摩擦电感应混合触觉传感器[42]；（b）基于快速区域卷积神经网络和加工学习算法的软抓持器的视觉-触觉对象识别[170]；（c）复杂环境下透明物体抓取的视觉-触觉融合[171]。

照条件下将视觉和触觉的优势协同用于透明物体抓取［图9-10（c）］，包括抓取位置检测、触觉校准和视觉-触觉融合分类。他们设计了一种基于完全卷积网络的触觉特征提取方法和一种基于中心位置的自适应抓取策略，与直接抓取相比，成功率提高了36.7%；提出了一种基于视觉-触觉融合的透明物体分类方法，使分类准确率提高了34%。

9.2.5 触觉传感器的要求

近年来，越来越多的国内外学者将先进的触觉传感技术与软体机械手相结合，以进一步提高软体机械手的安全交互性和智能性。第9.2.1至9.2.4节介绍了应用于软体机械手的各种触觉传感技术。显然，与触觉传感器的其他传统应用场景相反，用于软体机械手的触觉传感器有其特殊的要求，主要表现在以下几个方面。

① 高共形能力：由于软质材料本身的特性，软体机械手在抓取目标时会产生大曲率的弯曲或扭转变形，为了更好地适应柔性手爪的超弹性变形特性，触觉传感器的使用应具有高共形能力[43]。触觉传感器的共形性使其在满足其优异的传感性能的同时，也能具有超强的弹性变形能力。

② 轻巧、轻薄的特点：为了更好地与机械结构中的柔性抓手集成，触觉传感器通常被粘接或嵌入。为了以更真实的方式模拟人类的触觉感知，粘接或嵌入在软抓手中的触觉传感器应具有尺寸小、重量轻的特点[173]，以便最小化对软抓手的抓持性能的影响，例如刚度、抓持力等。

③ 良好的力学性能：目前软体机械手的应用场景极为丰富。对于连续或长时间操作的软体机械手，有许多应用场景，例如农业收获[174]、工业搬运[175]等。软体机械手可连续抓取和释放，其上触觉传感器具有期望的耐疲劳机械特性[48]。除此之外，对于应用于海底采样的柔性抓手，触觉传感器还应具有耐极端温度和耐高压等特性[176]。

④ 优异的感知特性：对于不同的软体机械手，柔性抓手中使用的触觉传感器具有不同的感知模式（如曲率感知、表面粗糙度感知、滑动感知等）。柔性抓手对不同触觉传感器的要求不同，如灵敏度、分辨率、感知范围等。值得注意的是，由于柔性抓手的反复夹持操作，对触觉传感器的迟滞性、重复性和抗干扰能力有着更高的要求[177]。除此之外，软体机械手的触觉感知需要同时感知多种模态，因此，具有多模态感知的触觉传感器具有更突出的优势[179]。

⑤ 传感电路的高度集成化：与传统的触觉感知的离散传感不同，对于应用于软体机械手的触觉传感器，更希望软体机械手和触觉传感器能够有机地融合在一起[180]。对于阵列式传感系统的触觉感知，硬件电路的冗余会导致传感系统不稳定、抗电磁干扰不良、信号不稳定等，因此应用于软体机械手的触觉传感器的电子电路硬件系统应具有高集成度。具有分布式传感特性的触觉传感器在系统集成方面

具有很大的优势[41]。

上述是应用于软体机械手的触觉传感器的一些主要的要求。当然，随着人类社会的发展，在基于软体机械手的触觉传感器的应用方面，肯定会提出更高的要求。

9.3 基于触觉传感技术的应用

近年来，机器人和硬抓手得到了广泛的应用，而软体机械手在水下、医疗、农业、工业等领域中的出现，将作业性能提升到了一个新的高度。为了满足不同任务的需要，对软体机械手的触觉传感技术提出了新的要求。本章介绍了软体机械手在不同领域的主要应用（图9-11）。

9.3.1 水下探测

遥控技术和遥控潜水器（ROV）被广泛用于水下科学研究和深海调查研究[126]。然而，为了执行各种复杂的水下任务，高度灵巧的水下机械手系统是至关重要的。具有智能触觉感知能力的柔性手爪可以增强水下遥控或自主系统的采样和操作能力。

较早的研究工作将力和滑动传感器集成在AMADEUS抓手的每个指尖上[183]。该抓手为三指软体机械手，在力反馈的帮助下，可以在水下轻采样不规则或柔软的物体。研究人员提出了一种具有高质量触觉感知的通用干扰手爪[17]，该手爪采用颗粒足阻塞机制实现稳定抓取，同时利用内置摄像头检测其表面的变形以获取触觉信息。该手爪可在低能见度环境中通过触觉感知准确地检测出水下管道泄漏点的位置。研究人员开发了集成基于碳纳米管的应变传感器的人工章鱼吸盘的软黏附致动器[图9-11（a）][181]。它不仅可以通过其强大的附着力抓住水下物体，而且还具有决策能力，通过触觉信息预测具有不同形状、尺寸和力学性能的样品的重量和重心。该致动器在混浊的水或脆弱的环境中非常有用，因为在这些环境中难以利用到视觉。受发光吸盘章鱼的启发，作者设计了一种将流量计与吸盘结合的软体机械手[128]，通过监测经过每个吸盘的流体的流量变化来区分物体的大小和类型[图9-11（b）]。该软体机械手具有在泥泞和复杂水域环境中对目标物体进行触觉感知的能力，可应用于水下打捞、物体识别和抓取等场景。

9.3.2 医疗

人手是最灵活的末端执行器之一。在日常活动中，我们仅用手就能够处理大多数的任务。然而，全世界有数百万人上肢截肢。失去一只手带来的后果通常是灾难

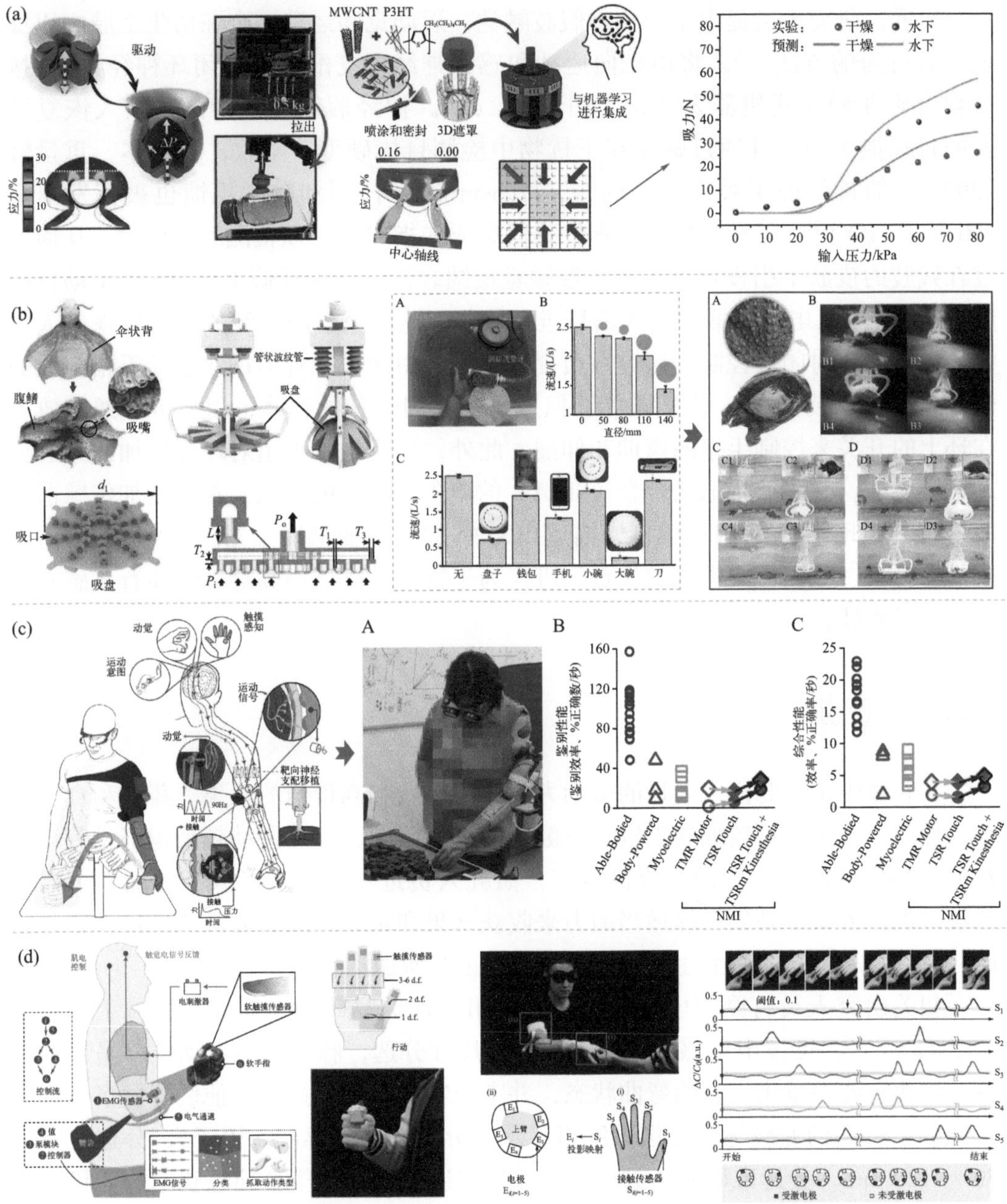

图9-11　水下和医疗领域的应用：(a)一种带有碳纳米管基应变传感器的电子感知生物启发软湿黏附致动器[181]；(b)受发光吸盘章鱼启发的软体抓握器，用于水下自适应抓握和感知[128]；(c)融合了仿生上肢动觉、假肢触觉、运动的神经机器人促进了大脑的内在行为[182]；(d)一种同时提供肌电控制和触觉反馈的软神经手[178]

性的，因为它严重限制了个人能力。因此，世界各地的许多研究人员正在开发先进的神经假手或具有触觉反馈的辅助设备，以帮助残疾人恢复原始的触觉和抓握能力。

最近，研究人员提出了一种将假肢触觉、运动觉和运动融合在仿生上肢中以促进大脑行为的方法[182]。将由靶向运动和感觉神经再支配组成的闭环神经-机器接口耦合到非侵入式机器人架构［图9-11（c）］。神经假手可以帮助残疾人恢复预期的目标抓握力，并通过触觉在干扰物中检测目标硬度。柔软、低成本、重量轻（292 g）的神经假手被提供的同时，myosmilitary控制和触觉反馈也被开发出来［图9-11（d）］[178]。五个弹性电容传感器集成在指尖上，以检测触摸压力，从而通过在残肢的皮肤上引发电刺激来实现触觉反馈。该气动神经假手具有6个主动自由度，通过4个肌电传感器的输入信号进行控制。这种柔软的神经假手可以恢复人原始的触觉和实时闭环控制。研究人员提出了一种由两根额外的钢丝驱动手指组成的偏瘫上肢代偿装置[184]。该装置能够抓取各种不同形状的物体，用户可以通过放置在环上的开关来控制手指的弯曲和伸展。此外，还提供了手指对环境施加的力的振动触觉反馈。利用形状记忆合金（SMA）的电阻与长度的关系，在不增加传感器的情况下，实现了SMA的自感应，描述出SMA的机械变形[185]。由SMA驱动的仿生手具有轻巧、坚固、成本低的优点，可作为生物医学领域中高舒适性和有自感知功能的人手假肢。

9.3.3 农业

在农业中，需要投入大量的劳动力来收获精致和高价值的水果、蔬菜和食用菌等。然而，由于相对较低的工资和对健康的影响问题，这种劳动越来越不受劳动者欢迎。为了解决这个问题并提高效率，研究人员近年来开发了人工智能和机器人系统。机器人系统必须施加适当的力来收获水果和蔬菜，同时要避免损坏作物。因此，对具有触觉反馈的柔性抓手的研究最近正在增加。

相关研究人员将摩擦电传感器集成于用于抓取易碎物体的软体机械手中［图9-12（a）］[43]。摩擦电传感器可用于物体的尺寸分选，脉冲数与滑动位移呈线性关系，因此它能够量化夹具的弯曲状态，并实现物体的大小排序。他们开发了一种基于TES和SRG的非破坏性分选系统用于水果分选（例如苹果、橙子），分选范围为70 ～ 120 mm，分选准确率达到95%。此外，还开发了用于番茄收获的软体机械手［图9-12（c）］[186]，力传感器连接到每根手指的末端以提供力反馈。在力反馈条件下，软体机械手可调节夹持力，并施加在番茄表面。一种由肌腱驱动的软体机械手与主动接触力反馈系统[189]，能够施加低至0.5N的期望力，平均误差为0.046N，可用于黑莓的温和收获。研究人员设计了一种形状类似“粮仓”的软体机械手［图9-12（b）］[174]，它可以抓取各种形状的物体，特别适于抓取球形和柔软物体，也可用于农业领域采摘水果；软体机械手采用双稳态卡扣机构实现传感和自驱动抓取，并采

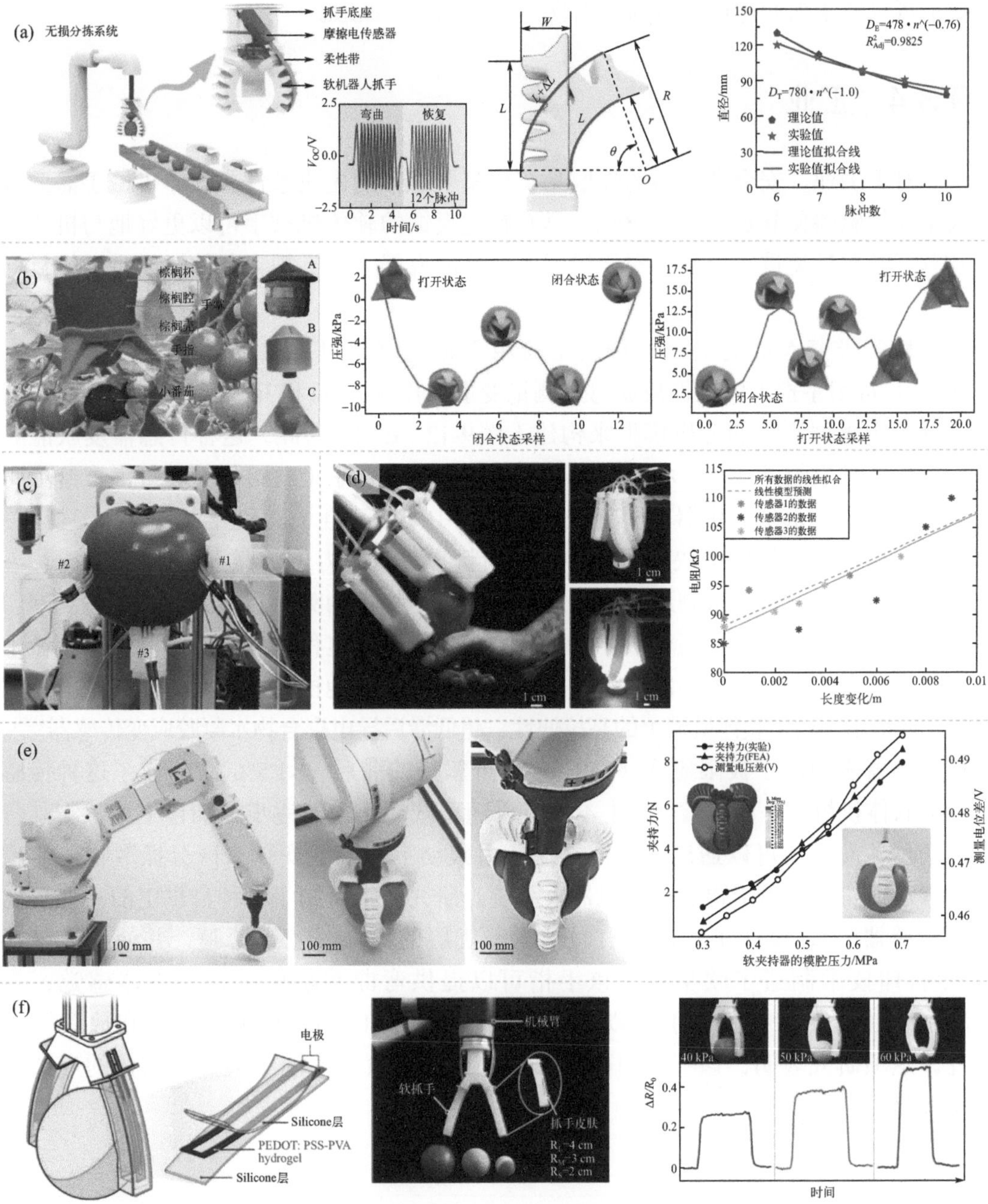

图9-12 在农业和工业上的应用：（a）采用集成了摩擦电传感器的软体机械手进行无损尺寸分类[43]；（b）通过快速穿透结构进行机械感知的粮仓形状软体机械手[174]；（c）用于番茄采集的力反馈软夹具[186]；（d）能够在不确定性下安全地处理脆弱物体的灵巧软夹具[187]；（e）为工业机器人添加定制的软夹具和嵌入式力传感器[175]；（f）安装在工业机器人上的集成水凝胶应变传感器的软夹具可以抓取不同半径的球形物体[188]

用掌舱内的压力传感器近似记录掌腔内的压力；当压力变化到一定阈值时，手掌的变形可以使手指通过遮挡行为包围物体，实现笼状抓取。

9.3.4 工业

对于工业，安全和灵巧的抓取是实现某些操作的先决条件。软体机械手需要嵌入柔性传感器使其具有本体感觉。具有触觉反馈的软体机械手可以更好地与机器人及其复杂的环境进行交互。对于机器人产业的发展来说，拟人化的抓手是最终目标之一。

相关研究人员提出了一种新型的用于触觉对象可视化的柔性手爪传感器皮肤[187]。每根手指上的柔性皮肤可以测量变形和接触。2D和3D触觉对象模型可以利用这些传感器测量的分析模型来构建［图9-12（d）］。因此，这种传感器皮肤能够实现触觉对象的可视化。将其集成在一个软的三指抓手上，可以扭转灯泡。这项研究可能有助于未来的机器人更好地理解工业中的交互环境。研究人员设计了具有3个几何梯度指状物的单块软机械手，该指状物具有软力传感器［图9-12（e）］[175]。他们采用增材制造方法制造了这种可以抓取球形物体的夹具。研究人员使用丝网印刷工艺利用柔性材料和离子液体来生产软力传感器。这种具有力反馈的软体机械手可以在很宽的作用力范围内产生可靠的响应，并成功地执行了实时的抓取检测。此外，还提出了用于软体机械手的高拉伸性、超低滞后导电聚合物水凝胶应变传感器[188]。该传感器表现出了极限应变（300%）和可忽略的滞后（<1.5%）。集成了这种传感器的软体机械手［图9-12（f）］不仅可以随着气动压力的逐步增加自主地感测其弯曲角度，而且还可以通过在不同气动压力致动下的应变变化来区分抓取物体的尺寸。这项功能可用于智能工业机器人系统。研究人员研制了一种自供电的柔性多功能传感器[150]，设计了一种具有微结构干扰层的聚偏氟乙烯薄膜，并使用多材料3D打印技术制造了软手指。该手指可以提供弯曲和机械的被动本体感觉，多功能传感器与三指机械手可以成功地记录手指弯曲和机械的“拾取和放置”过程。这项研究表明，该三指机械手极大提升了在汽车工业中夹具与物体的反馈与交互潜力。

9.4 软体机械手触觉传感技术的挑战

软体机械手触觉传感技术多年来取得了重大发展，并且吸引了越来越多的研究者，但该领域的应用仍处于早期阶段。回顾以往的研究，有一些仍然需要克服的挑战，包括但不限于以下方面。

9.4.1 先进的触觉传感器

开发先进的触觉传感器是一项巨大的挑战，在它提供显著的优势之前，触觉传感器与软体机械手还面临许多学科的问题，涵盖先进材料、微细加工、电子学、光学等领域。下面列出了软体机械手的触觉传感器要解决的一些主要问题。

（1）耐久性和可靠性低

虽然研究人员基于先进的材料（如水凝胶、纳米材料）开发出了许多新型的触觉传感器，但是它们耐久性不高，影响了传感器的性能，并导致需要经常维修，因此耐久性成为了迫切需要解决的问题。此外，确保触觉传感器在极端条件下使用时的高可靠性也至关重要，例如EMI、振动、水下、极端温度等条件。发展具有优异性能的触觉传感器是必不可少的。

（2）复杂度高、兼容性差

许多研究者采用传感器阵列的方法来获取触觉信息，但同时也增加了电源、信号和电路布线的复杂度。此外，不同类型的传感器具有不同的传感机理和结构，导致兼容性差，软件的可重用性低。

（3）低灵活度和脆弱性

传感器可以用弹性材料覆盖以提高柔性，这将使其在受到大的外力作用时更加安全，但是同时灵敏度会降低，滞后会增加。因此，后续研究的目标是研究能够承受显著变形并能够准确感测位置的传感器。

9.4.2 高效算法

实用的智能触觉传感软夹具不仅需要更好的触觉传感器，还需要有效的算法来处理来自这些传感器的数据。这对于在非结构化环境中工作的软体机械手尤其重要。最近，机器学习算法，例如CNN、DNN、SVM、图像处理算法等，已经被研究人员广泛采用来分析触觉信息，以此来分类对象、感测接触力、获得对象属性等。然而，当使用人工智能算法时，需要大量的训练数据作为输入。此外，训练可能需要很长时间，并且泛化能力仍然不足，有时感知准确度不是很高。因此，高效和有效的算法在处理来自软体机械手的检测信息中起着重要作用。

9.4.3 可靠的控制

目前，大部分报道的智能软体机械手仅停留在触觉感知的水平。为了使软体机械手能够安全地、自适应地抓取物体，需要基于触觉传感器的触觉信息提出可靠的闭环控制策略。由于软材料的影响，这些闭环控制策略必须具有响应速度快、控制精度高、抗干扰能力强的特点。

9.4.4 低成本

降低用于软夹具的复杂触觉传感系统的成本也是很重要的。并且不仅要考虑触觉传感器的成本，还要考虑硬件设备、控制系统、软件等的成本。

虽然触觉传感技术在软体机械手上的应用已经得到了一定程度的发展，在工业、农业、医疗、军事等领域具有独特的优势，然而，如前所述，其发展也遇到了许多挑战。为解决这些挑战，将触觉传感技术更好地应用于软体机械手，在未来的研究中，可以考虑从以下几个方面进行深入。

① 结构：为了提高触觉传感器的灵敏度和传感范围，除了可以采用传统的改进微观工程结构的方法（例如金字塔[188-190]、多孔结构[192,193]、柱[194,195]和多层结构[196]等可以在细微的外部刺激下引起大的变形），还可以从大自然中汲取灵感，利用仿生机制设计出各种微观触觉感受器的微观结构，比如捕蝇草（应激反应）和老鼠的触须，都是非常智能和敏感的触觉感受器。

② 材料：现有的用于制造触觉传感器的柔性材料（如SMA和水凝胶）较为成熟，但这些材料在应力、应变、寿命、价格等方面还存在一些问题，无法满足柔性抓手应用场景的需求。使用非聚合物材料可以通过产生额外的自由体积空间来减少聚合物链的变形，提高传感器的响应速度并解决由黏弹性引起的滞后效应[197-199]。考虑到触觉传感器的适应性和流变性，可以将生物材料和合成材料组合，以开发生物相容性更好、更逼真的新型软材料和抗疲劳的天然合成人工肌肉组织。

③ 制作方法：触觉传感器的智能材料和仿生结构对制造提出了更高的要求。虽然3D打印技术有效提升了当前触觉传感器的制造水平，但软材料的制造仍有一定局限性，未来的增材制造技术可以对多个参数进行调整以实现智能制造，如变刚度材料打印、微纳多层结构材料打印等[180]。

④ 算法与控制：面向大面积压力检测的触觉传感器阵列和旨在获得多传感器能力的多模式触觉传感器将成为集成触觉传感器系统的发展趋势。有效地利用多传感特性进行传感控制集成操作是一个挑战。对此，一是针对大量多模态传感数据开发具有泛化能力的机器学习算法，实现精确的触觉感知，二是将神经网络控制与经典控制方法相结合，实现对软体机械手的精确位置控制。上述挑战是多学科的，需要大量的跨学科努力和合作。可以肯定的是，随着触觉传感技术的发展，将会出现更多的挑战。

9.5 未来展望

用于软体机械手的先进触觉传感技术在不同领域中有着很多的应用，这些领域都需要软体机械手的柔性和软交互能力。不同类型的触觉传感器可以以不同的方式集成在软体机械手上。尽管目前有许多触觉感知测量模态的方法，但是它们缺乏准确性、可靠性和闭环控制，这限制了软体机械手与非结构化环境的交互。通过探索触觉传感器、机器学习方法以及可靠的闭环控制策略，可以提高智能触觉感知软体机械手的性能。目前，触觉传感器在类型、传感方式、传感技术等方面有很多研究进展，但一些挑战必须通过密切的跨学科努力和合作来解决。随着这一领域的不断进步，软体机械手对于提高人们的生活质量具有很大的潜力。由于工业、农业、水下勘探和生物医学工程中对自动化的要求越来越高，因此需要研究具有更高顺应性和触觉感知能力的软体机械手。具有高触觉感知的软体机械手可以精确地获取触觉信息，克服不确定性并安全地处理易碎物体。

参考文献

参考文献

作者简介

曲钧天，清华大学深圳国际研究生院助理教授、特别研究员、博士生导师，深圳市海洋生态前沿技术重点实验室副主任和清华大学海洋软体机器人与智能传感实验室负责人。加拿大麦吉尔大学博士、清华大学博士后、加拿大多伦多大学研究助理。主要研究方向为水下软体机器人、水下柔性机械手和水下智能感知技术。已在机器人、机械、材料多学科交叉领域国际期刊（*Advanced Functional Materials*, *Nano Energy*, *IEEE T-IE/T-MECH/T-ASE*）和机器人国际会议（ICRA/IROS）发表学术论文50余篇（ESI高被引2篇）、授权/公开发明专利20余项、出版中英文专著2本、主要起草国家团体标准1项。主持国家基金委/教育部/广东省/北京市/深圳市/清华大学课题10余项，核心参与中国/加拿大自然科学基金等国家级课题10余项。入选北京市科协“青年人才托举工程”、深圳市“鹏城孔雀计划”、清华大学“水木学者”计划，荣获中国机械工业联合会科技发明二等奖、加拿大魁北克省优秀博士生奖、麦吉尔大学博士生工程杰出奖等奖励/荣誉称号，团队科研成果荣获2023全国软体机器人竞赛一等奖和2024日内瓦国际发明展金奖，自主研发智能柔性抓取系统参展2024中关村论坛。

Approaching Frontier of New Materials

第 10 章

3D 打印用墨水

孙江涛　范志永　冯琨皓　衡玉花　魏青松

10.1 墨水材料有哪些?

墨水材料因其优异的特性，被广泛应用于3D打印技术。其中，光敏树脂被用于以光固化3D打印原理为基础的高分子喷射（polyjet）、白墨填充（white jet process，WJP）等3D打印技术；光热转化墨水被用于以吸能诱导烧结原理为基础的多射流熔融（muiti-jet fusion, MJF）、高速烧结（high speed sintering, HSS）、选择性吸收熔融（selective absorption fusion，SAF）等3D打印技术；黏结剂被用于以选择性黏结后烧结原理为基础的黏结剂喷射（binder jetting, BJ）3D打印技术；高分子、陶瓷、玻璃、水泥、石墨烯、金属通过预处理制成的墨水被用于直接墨水书写（direct ink writing, DIW）3D打印技术。

10.2 墨水材料作用机理

10.2.1 光敏树脂

光敏树脂因其在紫外光辐照下交联固化的特性，被用于3D打印技术，通过光敏树脂的逐层固化，得到所需的零件。光敏树脂一般由光引发剂、活性稀释剂、增韧剂、稳定剂和液体单体组成，可分为五种不同的基本类型，如图10-1所示。在1型光敏树脂中，具有可聚合官能团X的多功能、低分子量单体或低聚物在紫外光辐照下进行自由基、阳离子或阴离子光聚合，以产生交联网络高分子。2型光敏树脂发生逐步聚合反应。3型光敏树脂在官能团X和Y之间发生光诱导交联。4型光敏树脂在辐照下发生深层次的光化学反应改性。5型光敏树脂发生光诱导裂解反应。将光敏树脂与陶瓷颗粒或金属颗粒均匀混合用于打印，也可实现陶瓷及金属材料的3D打印。

10.2.2 光热转化墨水

光热转化墨水在红外辐射作用下可快速释放热量，被用于高分子粉末床吸能诱导烧结3D打印技术，通过墨水的选区喷射，实现高分子粉末的烧结成形。光热转化墨水一般由熔融剂、共溶剂、表面活性剂、保湿剂组成，目前常用的熔融剂成分为碳基材料。碳基材料在整个太阳光谱中具有很强的太阳光吸收能力，图10-2显示了π键碳基材料的光热转换过程。对于这种材料，其具有HOMO和LUMO轨道，这

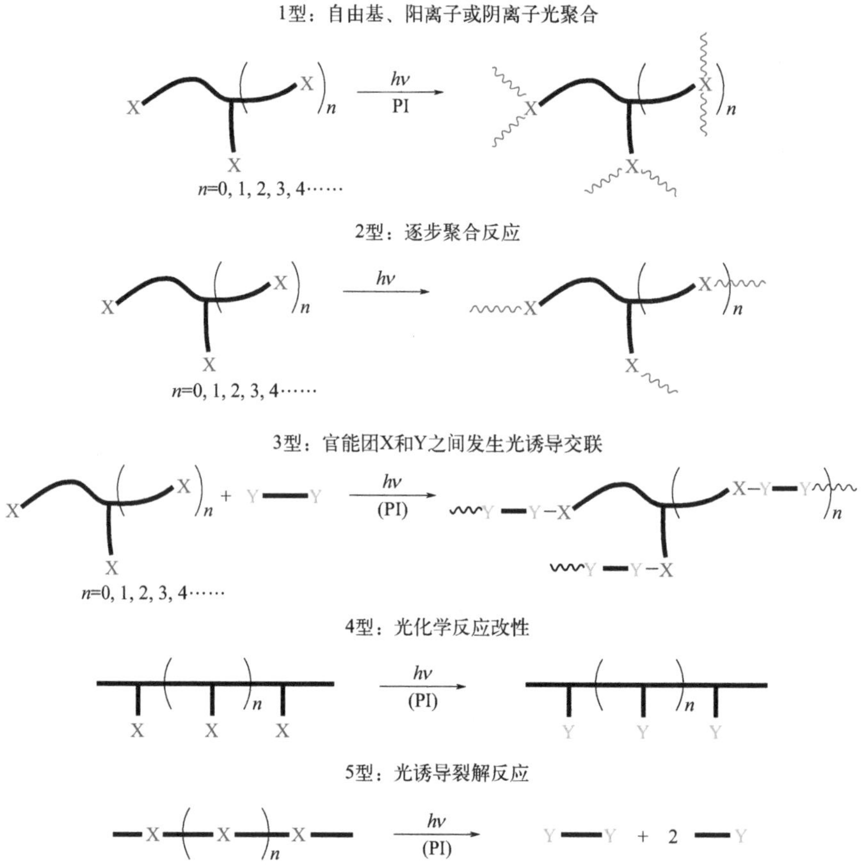

1型：自由基、阳离子或阴离子光聚合

n=0, 1, 2, 3, 4……

2型：逐步聚合反应

n=0, 1, 2, 3, 4……

3型：官能团X和Y之间发生光诱导交联

n=0, 1, 2, 3, 4……

4型：光化学反应改性

5型：光诱导裂解反应

图10-1　光敏树脂分类（DOI: 10.1021/cm402262g）

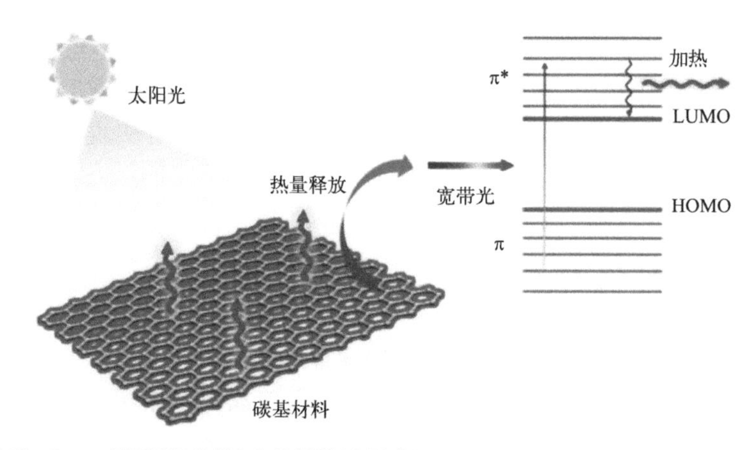

图10-2　π 键碳基材料的光热转换过程（DOI: 10.1016/j.scib.2021.02.014）

使得电子能够快速移动。在π共轭结构中，分子轨道中有许多π键分子轨道和π*反键分子轨道。吸收光能后，π电子跃迁至π*反键分子轨道，此时它们处于激发态。然后，电子以热量的形式释放部分能量并落回基态，从而产生光热效应。

10.2.3 黏结剂

黏结剂可起到粉末材料黏结作用，被用于黏结剂喷射3D打印技术，通过选区喷射黏结剂，逐层叠加，烘干后实现零件初坯的成形，后续经过脱脂烧结，去除存在于初坯中的黏接剂，实现零件的烧结成形。黏结剂主要包括有机黏结剂和无机黏结剂。有机黏结剂作为最通用的黏结剂，主要成分包括丁醛树脂、聚乙烯醇、聚硅氧烷、聚丙烯酸等。有机黏结剂在后续烘干过程中通过交联固化将粉末材料黏结。如图10-3所示。

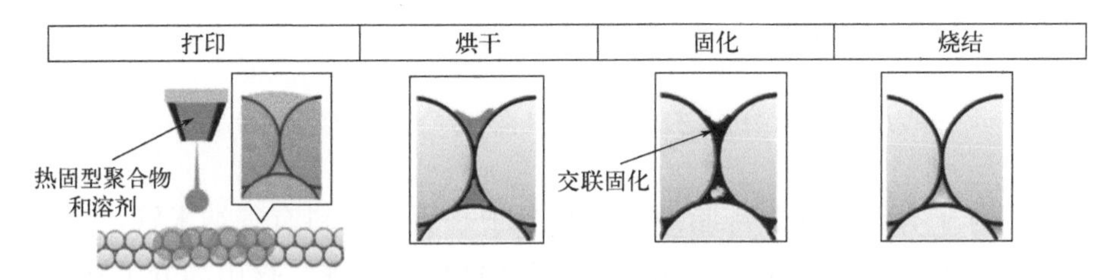

图10-3 黏结剂黏结原理（DOI: 10.1016/j.matdes.2018.03.027）

10.2.4 DIW用墨水

在各种增材制造技术中，DIW适用于多种材料（高分子、陶瓷、玻璃、水泥、石墨烯、金属等）的打印成形，成为最通用的3D打印技术。这些材料需要设计成满足喷头喷墨所需的流变特性，即可用于直接墨水书写技术。墨水沉积后，凝固可以自然发生，也可以辅助发生，例如溶剂蒸发、凝胶化、溶剂驱动反应、热处理和光固化等。如图10-4所示。

（1）高分子

DIW 3D打印技术与其他高分子增材制造技术，如熔丝制造（fused filament fabrication，FFF）技术、选择性激光烧结（selective laser sintering，SLS）技术有些不同，因为前驱体高分子墨水材料无论是热塑性高分子材料、热固性高分子材料、弹性体还是复合材料，都可以在室温下通过喷嘴挤出，而无需在沉积之前或沉积期间进行熔化、选择性烧结或额外结合。因此，其他技术受到所打印高分子类型的限制，但DIW则不然。其中，热固性高分子材料有氰酸酯树脂、双马来酰亚胺等材料，热塑性高分子材料有聚丙交酯、聚乳酸等材料，弹性体有聚二甲基硅氧烷弹性

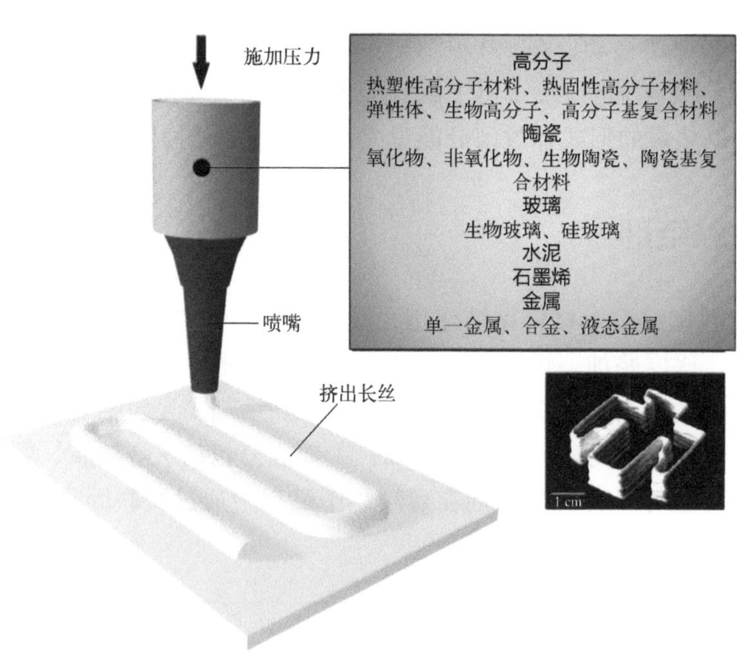

图10-4 DIW工艺示意图及可打印材料的种类（DOI: 10.1002/adma.202108855）

体，生物高分子有纤维素、琼脂糖等，高分子基复合材料有碳纳米管-聚二甲基硅氧烷弹性体、石墨烯增强聚丙交酯-共乙交酯复合材料等，食用高分子材料有马铃薯淀粉、可食用水凝胶等。

（2）陶瓷

DIW 3D打印技术可打印的氧化物陶瓷材料包括氧化铝（Al_2O_3）、氧化钛（TiO_2）、氧化锆（ZrO_2）、氧化钇稳定氧化锆（YSZ）、钇铝石榴石（YAG）、钛酸钡（BTO），非氧化物陶瓷材料有碳化硼（B_4C）、氮化硅（Si_3N_4）、碳化硅（SiC）、碳氧硅（SiOC）、碳化钛铝（Ti_2AlC），生物陶瓷材料有硅酸钙（硅灰石）、硅酸锌钙（硬质石）、磷酸钙（磷酸三钙、羟基磷灰石），陶瓷基复合材料有短碳纤维增强碳化硅材料、短碳纤维增强氧化铝材料等。

（3）玻璃、水泥、石墨烯材料

DIW 3D打印技术可打印的玻璃材料包括二氧化硅、二氧化钛等材料，可打印的生物玻璃材料包括硅酸盐和硼酸盐生物活性玻璃，可打印的水泥材料包括高岭土、短纤维、纳米黏土复合水泥基油墨，可打印的石墨烯材料多为氧化石墨烯材料。

（4）金属

DIW 3D打印技术可打印的单一金属包括Sn、Al、Ti、Zr和Zn等，可打印的合金材料包括钨合金、钛合金等，可打印的液态金属包括镓-铟-镍复合材料等。

10.3 墨水材料应用

10.3.1 光敏树脂

基于光敏树脂的3D打印技术可用于构建复杂的生物组织、器官模型、柔性生物传感电路等。浙江大学Zhou等开发了一款基于甲基丙烯酸酰化明胶的仿生生物墨水，并基于数字光处理（DLP）3D打印技术打印出了功能性活体皮肤（FLS）。FLS具有相互连接的微通道，可促进细胞迁移、增殖和新组织的形成。生物墨水展示了其快速凝胶动力学、可调机械性能和组织黏附性。FLS通过模仿天然皮肤的生理结构来促进皮肤再生和有效的新生血管形成（DOI:10.1016/j.biomaterials.2019.119679）。此外，将光敏树脂中添加陶瓷、金属颗粒后制成的新型光敏树脂，拓展了其在工业、航空航天领域的应用。奥地利Lithoz GmbH公司已经将DLP 3D打印技术商业化，打印出了特征尺寸非常小的多孔陶瓷结构，如蜂窝催化剂载体、热交换器和负泊松比超材料结构等，如图10-5所示。

10.3.2 光热转化墨水

基于光热转化墨水的高分子粉末床吸能诱导烧结3D打印技术可用于航空航天、生物医疗、消费品等领域（图10-6）。新加坡南洋理工大学Chen等开发出了碳纳米管及聚苯乙烯磺酸盐作为熔融剂的光热转化墨水，实现了导电弹性体高分子材料的

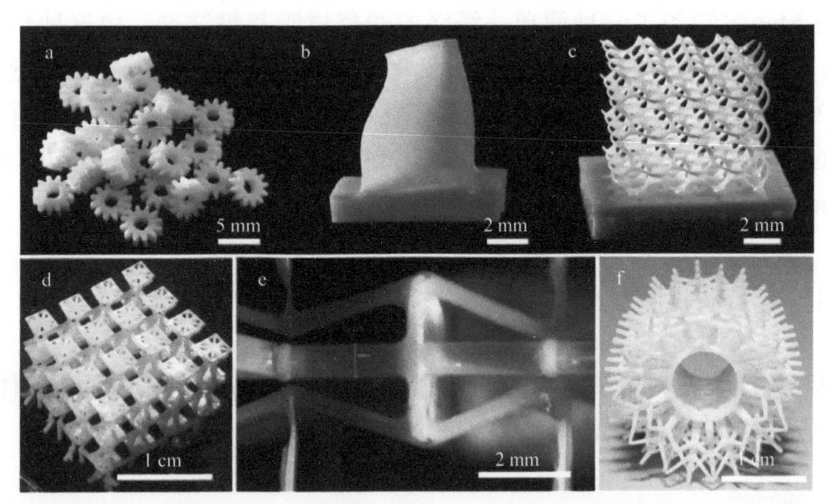

图10-5 （a）齿轮；（b）涡轮叶片；（c）蜂窝立方体；（d）具有微观细节的规则单元结构；（e）单元的细节特征；（f）具有复杂3D结构的管形热交换器（DOI: 10.1016/j.jeurceramsoc.2018.11.013）

打印，通过控制墨滴的喷射量，打印件的电导率可以在10^{-10}～10^{-1} S·cm^{-1}范围内调节，可应用于多功能可穿戴设备的打印成形，并且打印的CNT/TPU零件的平均极限抗拉强度和韧性相比于TPU零件分别提高了46%（11.5 MPa）和155%（43.9 MJ·m^{-3}）（DOI:10.1002/adma.202205909）。

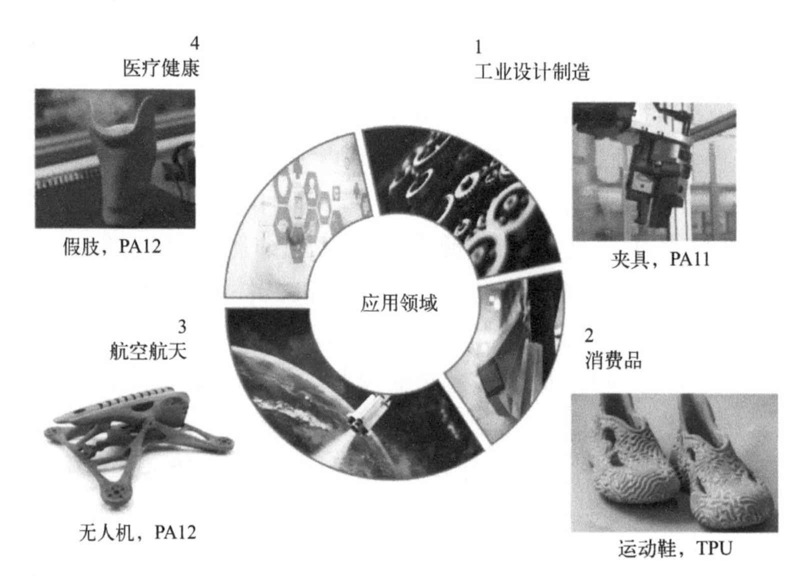

图10-6 高分子粉末床吸能诱导烧结3D打印技术应用（DOI:10.16865/j.cnki.1000-7555.2023.0056）

10.3.3 黏结剂

黏结剂喷射3D打印技术可打印材料包括金属、陶瓷、高分子材料等，目前多以金属材料为主，在医疗、电子、工业、装饰品领域广泛的应用（图10-7）。华中科技大学Mao等制备了一种简单、经济的酚醛树脂基黏结剂，由这种新型黏结剂制造的316 L初坯零件的黏结剂含量极低［1.2%（体积分数）］，黏结剂饱和度可从80%～200%降低至7.5%～30.2%。利用这种新的黏结剂配方，成功获得了316 L高强度的生坯零件（极限抗压强度和极限抗拉强度分别为25 MPa和10 MPa，层厚为100 μm，喷墨浓度为50%）（DOI:10.1016/j.jmatprotec.2020.117020）。

10.3.4 DIW用墨水

DIW 3D打印技术用墨水材料可用于电子产品、结构件、食品、软体机器人、生物医疗等领域的成形（图10-8）。

（1）高分子

美国劳伦斯利弗莫尔国家实验室Chandrasekaran等通过在氰酸酯（CE）树脂中

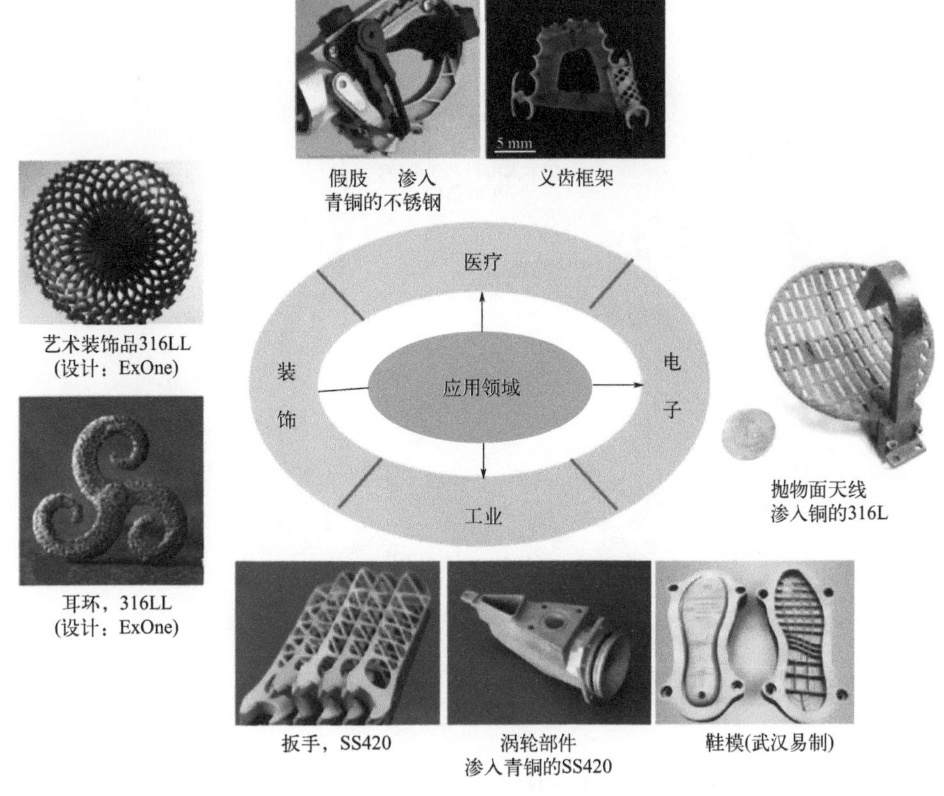

图10-7 黏结剂喷射3D打印金属材料应用（DOI:10.19554/j.cnki.1001-3563.2021.18.012）

添加二氧化硅纳米颗粒来改善其流变性能，最终通过DIW 3D打印技术打印出的氰酸酯零件弹性模量增加了3倍。（DOI: 10.1039/C7TA09466C）。加拿大蒙特利尔理工学院Guo等使用二氯甲烷（DCM，沸点39.6 ℃）作为溶剂，借助其快速蒸发特性和良好的聚乳酸溶解性，制备出了聚乳酸墨水，通过DIW 3D打印技术成功打印出了聚乳酸零件（DOI: 10.1002/smll.201300975）。美国哈佛大学Clausen等通过DIW 3D打印技术打印出了聚二甲基硅氧烷（PDMS）硅胶的拓扑优化构件，可实现泊松比在−0.8 ～ 0.8范围内调节，并且零件极限延伸率为20%（DOI: 10.1002/adma.201502485）。美国密苏里大学Norotte 等人研发出了琼脂糖生物墨水，并实现了生物血管的DIW 3D打印（DOI: 10.1016/j.biomaterials.2009.06.034）。美国哈佛大学Compton等研发出了环氧树脂/碳化硅晶须/碳纤维复合墨水材料，打印出的复合材料强度是纯环氧树脂材料的4倍（DOI: 10.1002/adma.201401804）。

（2）陶瓷

美国佛罗里达大学Yu等使用高固含量氧化锆陶瓷墨水［60%（体积分数）］，利用DIW 3D打印技术打印出的零件具有高相对密度（98.1%）。烧结后零件的抗弯强

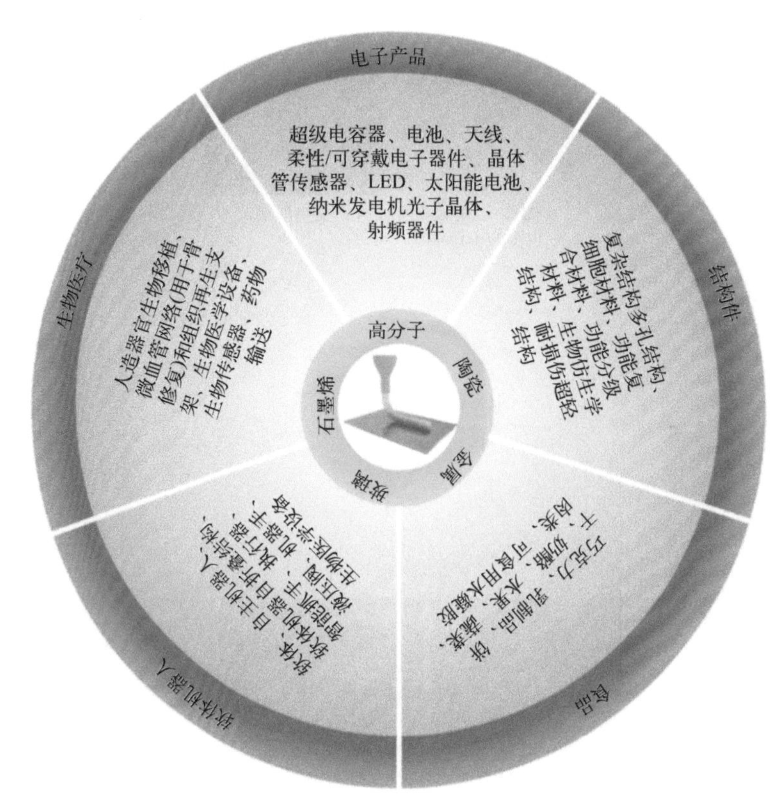

图10-8 直接墨水书写3D打印技术应用(DOI: 10.1002/adma.202108855)

度、断裂韧性、抗压强度和维氏硬度分别为488.96 MPa、2.63MPa · $m^{1/2}$、1.56 GPa和11.52 GPa（DOI: 10.1016/j.ceramint.2019.10.245）。美国密苏里科技大学Zhao等利用聚乙烯亚胺作为分散剂，制备出了氮化硅陶瓷墨水，利用DIW 3D打印技术打印出的零件经过烧结与热等静压后，零件抗弯强度为552 MPa（DOI: 10.1111/ijac.12633）。西班牙埃斯特雷马杜拉大学Miranda等制备出了磷酸β三钙（β-TCP）和羟基磷灰石（HA）墨水，并利用DIW 3D打印技术打印出磷酸β三钙（β-TCP）和羟基磷灰石（HA）两种支架，抗压强度分别为27 MPa和68 MPa（DOI: 10.1002/jbm.a.31587）。爱尔兰都柏林圣三一大学Zhang等制备出了MXene墨水，实现了高达 562 F · cm^{-3}的比电容和高达 0.32 μWh · cm^{-2}的能量密度的微型超级电容器的DIW 3D打印（DOI:10.1038/s41467-019-09398-1）。

（3）玻璃、水泥、石墨烯材料

美国明尼苏达大学Nguyen等利用二氧化硅墨水，通过DIW 3D打印和后续热处理，成形出了透明玻璃材料（DOI:10.1002/adma.201701181）。德国奥格斯堡大学Hambach制备出了碳纤维增强型水泥墨水，通过DIW 3D打印后，水泥最高弯曲强度达30MPa（DOI: 10.1016/B978-0-12-815481-6.00005-1）。美国加州大学Zhu等研发出了氧化还原石墨烯墨水，利用DIW 3D打印技术为微型超级电容器打印了超厚电极，其功率密度大于 4 kW · kg^{-1}，大大超过了传统设备（DOI:10.1021/acs.nanolett.5b04965）。

（4）金属

加拿大蒙特利尔理工学院Xu等设计出了高合金钢墨水，通过DIW 3D打印、烧结、铜浸渗成形的零件具有1.3×10^6 S/m 的电导率和 160 GPa 的杨氏模量（DOI:10.1016/j.matdes.2018.09.024）。美国俄勒冈州立大学Daalkhaijav等研发了镓-铟-镍液态金属墨水，通过DIW 3D打印技术打印出的零件具有3.9×10^6 S/m的电导率和超过350%的断裂延伸率（DOI:10.1002/admt.201700351）。

10.4 墨水材料的未来发展趋势及挑战

在未来3D打印技术的发展过程中仍需新型墨水的研发，以满足3D打印技术在不同领域的扩展应用。墨水的研发受喷头的流变学性能要求和喷头孔径大小的限制，因此墨水材料需要进行预处理以实现最佳的喷射性能以及防止喷头堵塞。低黏度的光敏树脂分子量小，诱导光固化材料交联度高，容易导致材料变硬变脆。但如果光敏树脂的分子量大，黏度就很高，为了可打印，需要大量的单体稀释，这会导致树脂失去良好的性能。因此，开发低黏度、高性能的光敏树脂是非常必要的。光热转化墨水中熔融剂多为碳基材料，打印出的零件多为灰色，影响零件的美观性，因此需要开发新型无色光热转化墨水。黏结剂容易固化堵塞喷头并且烧结后残碳量高，因此需要开发高保湿、低残碳墨水材料。DIW用墨水因其会存在高固体负载，所以需要满足固体负载的均匀分散性来保证打印零件的一致性。

作者简介

孙江涛，华中科技大学材料加工工程专业硕士研究生。曾任院系研究生会执行主席。曾获得华中科技大学知行优秀奖学金、华中科技大学优秀研究生干部等荣誉。目前的主要研究方向为高分子粉末床吸能诱导烧结3D打印技术研发与应用。研究成果发表在*Chinese Journal of Polymer Science*、《机械工程学报》《高分子材料科学与工程》等国际国内期刊上。

范志永，华中科技大学材料工程专业硕士研究生。目前的主要研究方向为高分子粉末床均匀加热技术研发。研究成果发表在*Chinese Journal of Polymer Science*、《机械工程学报》等国际国内期刊上。

冯琨皓，华中科技大学材料加工工程专业博士研究生。目前的主要研究方向为黏结剂喷射3D打印碳化硅陶瓷材料研发与应用。研究成果发表在*Journal of the European Ceramic Society*、《硅酸盐学报》《包装工程》等国际国内期刊上。

衡玉花，华中科技大学材料加工工程专业博士研究生。目前的主要研究方向为黏结剂喷射3D打印钨合金材料研发与应用。研究成果发表在*Journal of the European Ceramic Society*、《包装工程》等国际国内期刊上。

魏青松，华中科技大学“华中学者”特聘教授、博士生导师。主持了国家自然科学基金、国家重点研发计划课题、国家两机专项课题等国家、省部级和企业科研任务20余项。在*ACTA Materialia*、《中国科学》等国内外权威期刊上发表学术论文150余篇、SCI收录100余篇、ESI热点/高被引论文8篇次、他引4500余次。主编专著/教材4部、参编4部。授权发明专利30余项。

第11章

液体弹珠

罗新杰　冯玉军

11.1 液体弹珠的缘起：大自然的奇迹和启示

你有没有见过一种奇妙的液滴，它们表面包裹着一层细小的粉末，就像穿了一件外套。这些液滴几乎不会粘在任何物体上，也不会润湿该物体表面，就像弹力球一样，可以在各种表面滚来滚去，即使在水面上也能随波漂流。这种神奇的液滴被称为液体弹珠（liquid marble）[图11-1（a)、(b)] [1,2]，它们在科学和工程上有很多有趣的应用，比如制作微型反应器、传输液体药物、制造微型精密仪器等。液体弹珠是怎么形成的呢？其实，灵感来自于大自然中的一种昆虫——蚜虫。

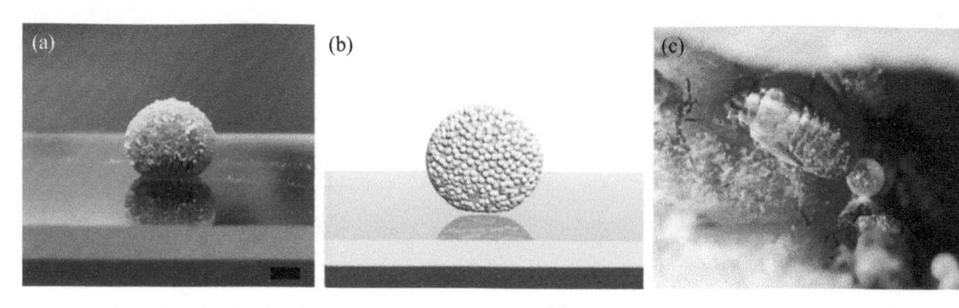

图11-1　液体弹珠：(a)、(b) 液体弹珠及其示意图[2]（标尺：1 mm）；(c) 蚜虫排泄出的蜡覆盖的球形蜜露（图片来源于InfluentialPoints网站：https://influentialpoints.com/Gallery/Pemphigus_populinigrae_poplar-cudweed_pouch_gall_aphid.htm）

蚜虫是一种生活在植物上的昆虫，它们以植物汁液为食，但是这些汁液里含有很多糖分，蚜虫无法完全消化，就会从肛门排出来，形成一种叫做蜜露的黏稠液体。这些蜜露对蚜虫来说是个大麻烦，因为它们不仅会吸引蚜虫的天敌，如寄生蜂、黄蜂、霉菌等，而且还会妨碍蚜虫幼虫的活动与生存。为了解决这个问题，蚜虫采用了一种独特的方式来处理它们的排泄物：当这些黏稠蜜露产生时，蚜虫会立即分泌粉状的蜡来包裹住它们，随后，“士兵”蚜虫把这些被蜡粉包裹的球形蜜露滚出洞穴。这些由蜡粉包覆的球形蜜露 [图11-1（c）] 就是一种液体弹珠，它们可以在植物表面滚动，远离蚜虫的栖息地。

事实上，在大自然中，液体弹珠现象屡见不鲜，除了蚜虫分泌粉状的蜡包裹其黏稠排泄物外，还有野火后产生的疏水性尘土包裹雨滴，以及生活中水洒到布满灰尘的地面上时形成许多穿着“灰尘外衣”的小水珠等。

11.2 液体弹珠的制备：“万物皆可”

法国科学家Aussillous和Quéré[1]在2001年发现，只要有一种液体和一种粉末，就可以人工制作液体弹珠。理论上，几乎所有的液体和固体粉末都可以用于制备液体弹珠。制备液体弹珠所用的液体，可以是水、表面活性剂水溶液、有机溶剂、离子液体、液体金属、反应试剂、血液、细胞组织液甚至黏稠的胶黏剂等。包覆液滴的粉末颗粒，可以是石松粉、二氧化硅、铜、Fe_3O_4、石墨、炭黑以及各种半导体粉末等。但是，要满足两个条件：一是粉末的颗粒要尽量小，最好是几百微米以下，否则会包覆不完全，导致液体弹珠“秃顶”；二是粉末的表面要疏水或疏油，也就是说要排斥液体，否则会导致粉末颗粒被液体润湿，完全或大部分浸入液滴中，最后变成一团糊糊。

制作液体弹珠的方法很简单，只要把液体滴在合适粉末上，然后轻轻地滚动液滴，粉末就会自动吸附在液滴表面，当液滴表面全部被粉末覆盖后，则形成了完整的液体弹珠 [图 11-2（a）] [3]。此外，通过一些特殊的方式还可以制备结构更加复杂的液体弹珠，例如通过合并两个、三个乃至四个单一结构的液体弹珠分别制备“双面神”（Janus）、“汉堡包”和“三叶草”形的复合液体弹珠 [图 11-2（b）] [3]，通过裁剪由凝胶包覆的球形液体弹珠制备出字母型的液体弹珠 [图 11-2（c）] [4]。

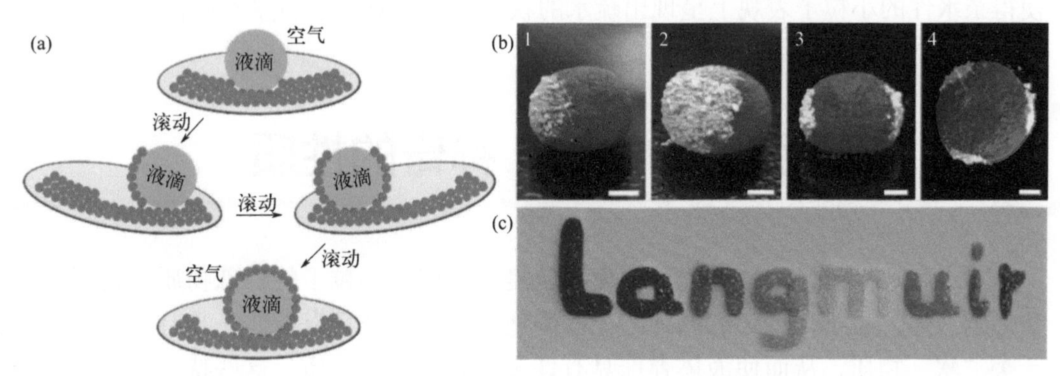

图11-2 液体弹珠的制备：（a）典型制备过程[3]；（b）、（c）各种形状的液体弹珠[3,4]（标尺：1 mm）

11.3 液体弹珠的形成秘密：表面自由能的奇妙作用

液体弹珠的形成可以用一个简单的原理来解释：就是让体系的表面自由能降到最低。什么是表面自由能呢？就是物质表面分子之间的相互作用力所产生的能量。表面自由能越高，表面分子就越不稳定，越容易发生变化。所以，物质的表面总是倾向于减小自己的表面自由能，从而达到稳定的状态。

那么，液体弹珠是怎么通过降低表面自由能来形成呢？可以用一个简单的模型来说明。假设有一滴水和一些小粒子，它们的表面都是光滑的，形状都是圆球形的。当忽略粒子的自身重量时，把这些小粒子放在水滴的表面时，水滴的表面积就会减少，这样，水滴的表面自由能也会减少，所以，小粒子会自动地黏附在水滴的表面，这个过程叫做吸附。

但是，小粒子会不会完全浸入水滴里呢？这就要看小粒子的亲疏水性了。对于亲水性的小粒子，它们的浸入能即完全浸没于液滴中时所引起的体系能量变化小于0，也就是说，它们会自发地浸入水滴里。而对于疏水性的小粒子，它们的浸入能大于0，它们不会自发地浸入水滴里，需要额外的能量来使粒子完全浸没于液滴中，换言之，疏水性粒子总是具有从液滴中逃离的趋势。所以，疏水性的小粒子会停留在水滴的表面，形成一个粒子包覆液滴的结构，这就是液体弹珠的基本形式。

当然，这个模型还有很多不完善的地方，它忽略了许多实际的影响因素，比如小粒子之间的相互作用力、小粒子的聚集、小粒子的形状、小粒子的质量以及小粒子的表面化学性质等。这些因素会影响液体弹珠的形成，所以，有些时候，即使是亲水性的小粒子，也可以形成液体弹珠，这主要是因为粒子之间会包裹少量空气，使得亲水性的小粒子表观上呈现出疏水的状态，从而阻止它们浸入水滴里。

11.4 液体弹珠的魔法：神奇的性质

如上所述，液体弹珠是一种由液滴包裹着一层微小粒子的特殊物质，它既不是普通的液体，也不是普通的固体，更准确地说，应是既具有液体又具有固体性质的一类“软”物质，从而使液体弹珠具有许多不同寻常的性质。这些特殊性质不仅与环境温度、湿度和施加应力等外界因素有关，更与包覆粒子和液滴的类型、尺寸以及它们之间的作用力等内在因素有着密切的关系。下面来看看液体弹珠到底有哪些奇妙的性质吧。

（1）不润湿/不黏附

当液滴被粒子包裹后，它的表面就变成了粒子的表面。由于包覆粒子层隔离了内部液滴与外部基底的接触，从而赋予了液体弹珠对绝大部分基底不润湿和不黏附的特性。液体弹珠的壳层通常是由多层粒子构成的［图11-3（a）～（c）］，但是，这些粒子并非均匀地、完整地把液滴表面包裹住，而是存在许多缺陷，导致部分液滴表面暴露出来［图11-3（c）］。尽管包覆不完全，液体弹珠仍然不会润湿其基底。甚至，液体弹珠还可以漂浮在水面上［图11-3（d）］，而不会被水吞没，尽管此时液体弹珠内外都是液体，但它们之间却无任何接触，这是因为包覆粒子与支撑液面间形成了一层空气膜，可以隔绝内外液体之间的接触。

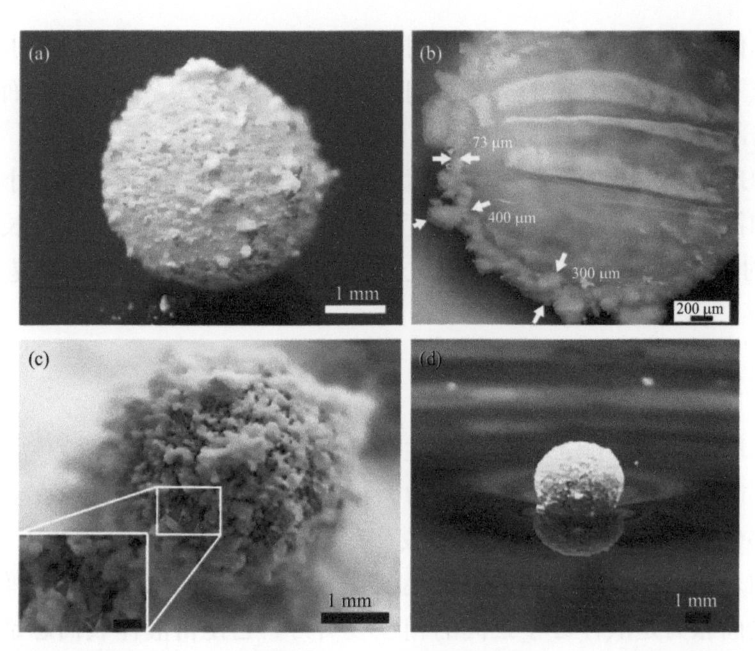

图11-3　包覆结冷胶水溶液的（a）完整和（b）剖开的液体弹珠；（c）壳层含有很多缺陷的液体弹珠，缺陷位置由蓝色箭头标出，插入图为缺陷放大图，插入图中标尺为200 μm；（d）漂浮在水面上的液体弹珠[3]

（2）气体渗透性

尽管液体弹珠有缺陷的粒子包覆层能够阻隔其内部液体与外界基底之间的接触，但是包覆层却不能阻碍气体的流通，气体可以通过液体弹珠壳层的缝隙和孔洞自由地进出。这就意味着液体弹珠可以感应到外界的气体变化，比如氨气和CO_2等。只要在液体弹珠内的液体里添加特定指示剂，就可以通过颜色的变化来检测不同气体（图11-4）。这种气体渗透性，使液体弹珠在气体传感器上表现出应用潜力。

图11-4　CO_2诱导液体弹珠颜色从蓝色到绿色再到黄色的变化，内部包覆液为pH 7.7的溴百里香酚蓝水溶液（标尺：1 mm）[4]

（3）减缓液体蒸发

液体弹珠的多孔包覆壳层除了赋予常规气体自由进出液体弹珠的能力外，还赋予了水蒸气这种能力，因而液体弹珠内包覆的液体也会随着时间的延长而慢慢蒸发，导致其体积逐渐减小，直至完全坍塌。但由于液滴表面被一层疏水性粒子所包覆，这层粒子可以起到一定的屏蔽作用，减少液体和空气之间的接触面积，从而使液体弹珠内部液体通常相对于裸露的液滴具有更慢的蒸发速率。

液体弹珠的蒸发速率受到很多因素的影响，比如粒子的种类、大小和层数，液体的种类和挥发性，环境的温度和湿度等。如果想让液体弹珠寿命更长，就要选择不易挥发的液体，或者让粒子层更致密，或者降低环境的温度和提高环境的湿度等。

（4）液体弹珠的力学性能

液体弹珠的力学性能主要包括弹性和机械稳定性。弹性是指液体弹珠在受到外力作用后，能够恢复其初始形状的能力。机械稳定性是指液体弹珠在受到外力的作用后，能够保持原来的完整结构，不发生破裂或合并。当液滴被粉末粒子包覆后，液滴固有的表面张力和包覆粒子间的毛细管作用力，共同赋予了液体弹珠良好的力学性能。表面张力是液体分子之间的相互吸引力，它使得液体表面总是倾向于保持最小的面积，也就是球形。毛细管作用力是由液桥连接的粒子之间的相互吸引力，它使得粒子总是倾向于紧密地排列在一起，形成一个坚固的壳层。所以，当液体弹珠受到外力的作用时，它的形状会发生变化，但是当外力消失后，它又会迅速恢复原来的形状，就像一个橡皮球一样。例如，在一定的速度范围内，即使两个液体弹珠发生碰撞，既不会发生破裂，也不会发生合并，而是由于液体弹珠的弹性彼此弹开（图11-5）[5]。

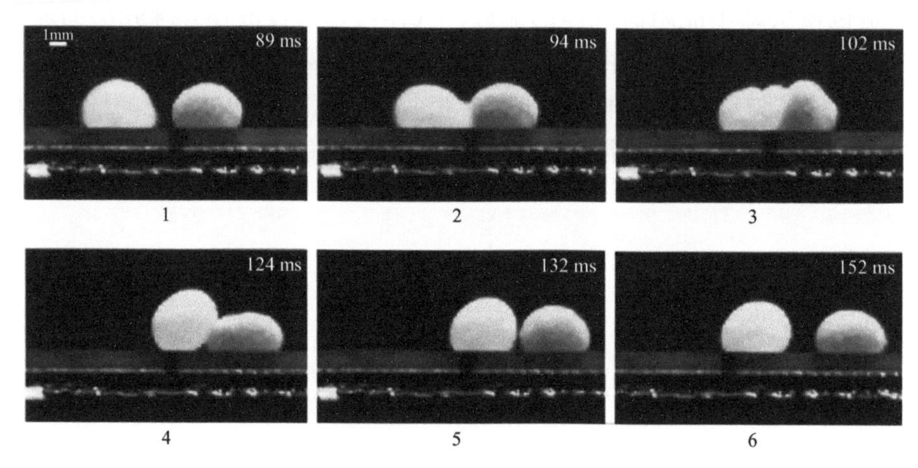

图11-5　液体弹珠的弹性：两个液体弹珠碰撞的过程[5]

液体弹珠的弹性和机械稳定性受到多种因素的影响，例如包覆粒子的种类、粒径、疏水性、形貌，以及液滴的体积、表面张力等。一般来说，可以通过选用表面张力更大的液体以及通过各种方式增强壳层的机械强度制备出更加强健的液体弹珠。

（5）液体弹珠的其他性质

除了上述性质外，液体弹珠还具有一些其他性质，例如准球形外形，能够被合并、切分，以及在基底上运动的能力。液体弹珠的准球形外形是由于液滴受到重力和表面张力的双重作用所致，但也可以通过特殊的制备方法构筑出各种形状的液体弹珠。液体弹珠能够被合并和切分，是由于其壳层粒子的迁移和重排所致，这种性质可以用于液滴的操作和控制。液体弹珠能够在基底上运动，是由于其不黏附性质和准球形形貌所致，这种性质使液体弹珠在液滴微流控中具有潜在应用。

11.5　液体弹珠的应用：前景广阔

液体弹珠特殊的粒子包覆液滴结构和前述小节中介绍的许多不寻常的性质，使得它在许多领域有着良好应用前景。接下来，就让我们看看液体弹珠到底有哪些神奇的应用。

（1）传感器和控制释放

传感器是一种能够感应外界信号并将其转换为可读的信息输出的装置。液体弹珠可以作为一种新型的传感器，它可以通过外观颜色的变化来实现对不同信号的感应。例如，当一个包覆有指示剂溶液的液体弹珠接触到某种气体时，液体弹珠内部指示剂的颜色会发生变化，从而实现对该气体的感应（图 11-4）。目前，液体弹珠已经可以实现对氨气、氯化氢蒸气、硫化氢、CO_2 等气体的检测和感应。

另一种感应策略则是通过 pH、光、酸碱蒸气或低表面张力液体等外界刺激，使液体弹珠包覆粒子的润湿性发生转变，从相对疏水变为相对亲水，从而使液体弹珠的稳定性降低而发生整体破裂，随后释放出其内部液体，从而达到感应和控制释放的双重目的（图 11-6）。目前，以这种方式实现传感和控制释放的刺激因子主要有 pH、光、酸蒸气、氧化剂、CO_2 和氨气等。

（2）构筑微型精密仪器

人们利用液体弹珠的独特性质，还可以通过巧妙的设计思路构筑一些微型的精密仪器，例如，仿蚊子复眼的复合透镜、微型离心机、微型黏度计和微型泵等。下面我们以仿蚊子复眼的复合透镜为例，了解液体弹珠在构筑微型精密仪器领域的应用。

蚊子的眼睛与人类的眼睛不同，不是只有一个单一的透镜，而是由许多个小透镜组成的复眼［图 11-7（a）］。这样的复眼可以让蚊子得到更广阔的视野，更敏锐地

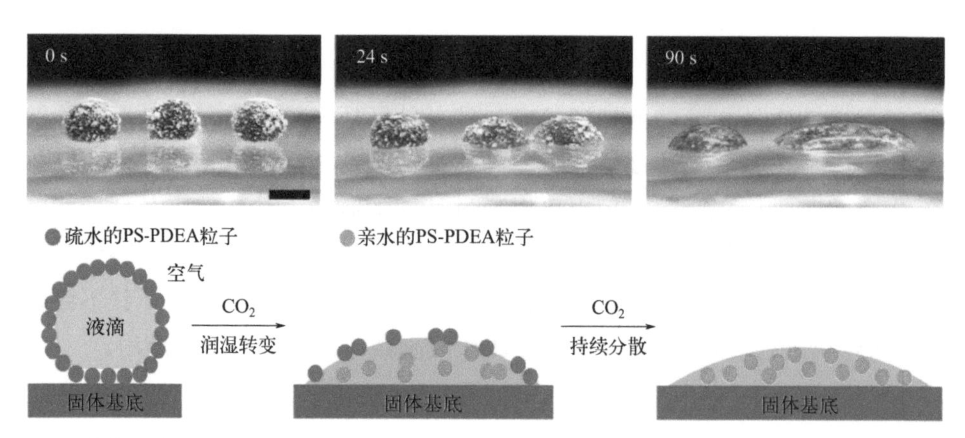

图11-6　液体弹珠在传感器和控制释放领域的应用，CO_2触发液体弹珠破裂以及释放其内部包覆液体（标尺：为3 mm）[3]

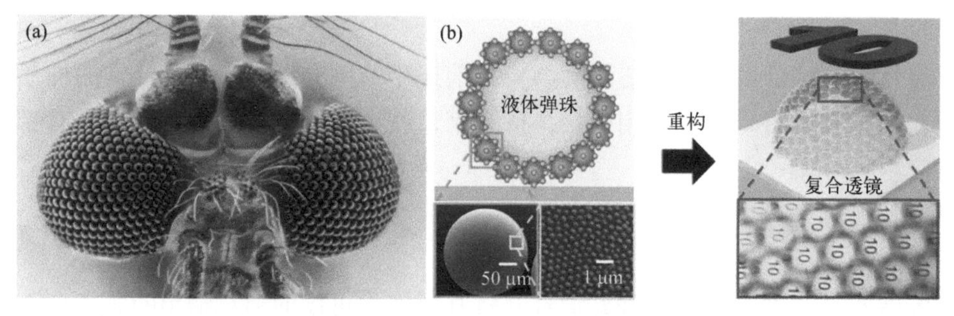

图11-7 （a）蚊子的复眼（图片来源于网络）；（b）利用液体弹珠技术制备的仿蚊子复眼的复合透镜[6]

感知光线和运动，更有效地寻找食物和避开敌人。如果我们也能有一种类似于蚊子复眼的透镜，那么我们就可以全方位地观察周围，得到更多角度的视觉信息，并快速作出反应，做到真正的“眼观六路”。

最近，Shin等[6]利用液体弹珠技术制备了一种类似于蚊子复眼的复合透镜［图11-7（b）］。他们首先用一种叫做微流控的技术制作了许多个表面被二氧化硅纳米粒子包覆的微型透镜，这些微型透镜就像蚊子复眼中的一个个小透镜。然后，他们用这些微型透镜包覆一个半球形的油滴，并用光来固化油滴，使其变成一个坚固的球形。这样，他们就得到了一个由许多个微型透镜组成的复合透镜。

这个复合透镜几乎可以完美地重现蚊子复眼观察物体的功能。当我们用这个复合透镜观察一个物体时，我们可以看到这个物体的多个重复的图像，每个图像都是由一个微型透镜成像的。这些图像的大小、形状和颜色都会随着物体和复合透镜之间的距离和角度的变化而变化，从而形成一种独特的视觉效果。这种视觉效果不仅可以让我们欣赏到物体的不同方面，还可以让我们对物体的形状、大小和位置有更准确的判断。

更重要的是，这个复合透镜还具有一定的防雾功能，这得益于每个微型透镜表面的二氧化硅纳米粒子的存在。这样，该复合透镜就可以在高湿度的环境中连续使用，而不会受到雾气的影响。这对于观察需要湿润环境的物体，例如植物、动物或细胞等，是非常有用的。

总之，这个复合透镜是一种利用液体弹珠技术制备的新型透镜，通过它，我们可以模拟蚊子复眼的视觉，观察到更多的奇妙景象。

（3）捕获CO_2

液体弹珠还可以用于高效地捕捉CO_2气体。作为一种温室气体，过多的CO_2排放会导致全球变暖和气候变化［图11-8（a）］，因此，开发新的方法来减少CO_2的排放和浓度是非常重要和急迫的。

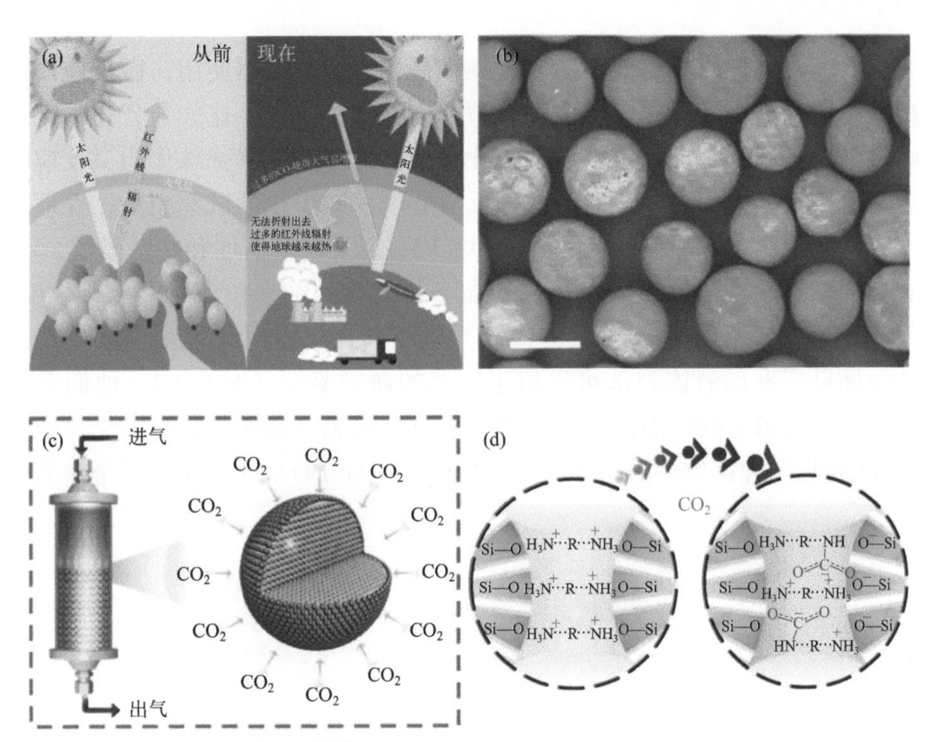

图11-8 液体弹珠用于CO_2的高效捕获：（a）CO_2引起的温室效应（图片来源于网络）；（b）液体弹珠的扫描电子显微镜图以及其（c）捕获CO_2的示意图与（d）捕获机理[7]（标尺：500 μm）

2019年，Rong等[7]发明了一种新型的液体弹珠，可以用来高效地捕捉CO_2气体［图11-8（b）～（d）］。这种液体弹珠的液滴核是四乙烯五胺与亲水的未改性SiO_2纳米粒子的混合溶液，包裹该液滴的壳是由疏水的SiO_2纳米粒子组成。

当液体弹珠接触到CO_2气体时，CO_2会通过壳层孔隙进入到液体核中，与四乙烯五胺发生化学反应，实现CO_2的捕捉。这种液体弹珠可以吸收很多的CO_2气体，CO_2吸附容量高达6.1 mmol · g^{-1}。

那么这种液体弹珠吸收了CO_2气体后，怎么才能把吸收的CO_2释放出来并让该液体弹珠重新恢复捕捉CO_2的能力呢？方法很简单，只需要在惰性气体氛围下加热，就可以把吸收的CO_2气体释放出来，并把它们收集起来用于其他的用途，或者储存起来，避免排放到大气中。这种液体弹珠可以反复地捕捉和释放CO_2气体，经过60次循环后，它仍然可以保持86%的原始吸收能力，这充分体现出它良好的稳定性和可重复使用性能。

这种液体弹珠还有一个优点，就是它的壳层可以保护其液体核，有效延缓胺损失，同时壳层也可以阻止内部吸收液与外界设备的直接接触，从而大大抑制设备的腐蚀。

这种液体弹珠的发明，为CO_2捕捉提供了一种新的思路和方法，也展示了液体弹珠的多样性和潜力，帮助我们减少CO_2的排放，保护我们的地球。

（4）作为微反应器

事实上，液体弹珠最有前景的应用领域是作为微反应器使用。微反应器是一种能够在微小的空间内进行化学反应的装置，它有很多优点，比如节省化学试剂、提高反应效率、方便控制反应条件以及简化反应操作等。液体弹珠作为微反应器，具有以下几个特点：能提供一个有限的微反应环境，减少化学试剂用量，保证气体的顺畅流通，允许反应试剂和产物的添加和提取，以及制备简便和容易操控。

液体弹珠作为微反应器，可以用于制备化合物和纳米粒子、催化化学反应等。尤其是液体弹珠在微反应器领域的优点，还使其在生物医学工程上备受青睐。例如，Shen团队[8]发现液体弹珠可以用于快速的血型鉴定（图11-9）。他们在每次血型测试中，使用疏水改性的沉淀碳酸钙粉末分别包裹三滴血样制备三个“液体弹珠血球”。随后将三种抗体溶液（Anti A、Anti B和Anti D）分别注入三个血球中以启

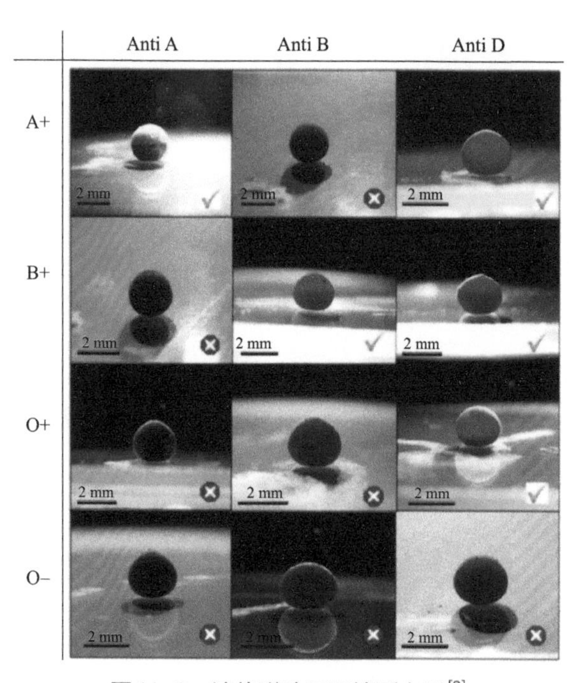

图11-9　液体弹珠用于检测血型[8]

动测试，通过监测每个血球微反应器的颜色变化确定是否发生了血细胞凝集反应，从而鉴定出相应的血型。此外，在生物医学领域，液体弹珠还可用于细胞或者微生物培养、高通量的药物筛选、细胞的冷冻保藏以及癌细胞治疗等。

（5）制备化妆品

液体弹珠还有一个“好兄弟”，叫做“干水”（dry water）[9]［图11-10（a）］。干水和液体弹珠非常相似，都是由粉末粒子包覆液滴而分散于空气中，只不过其尺寸常为微米级，比液体弹珠小许多，故其常被看作是一种小的液体弹珠。此处，我们仍以“液体弹珠”来称呼它。这种小液体弹珠的应用范围非常广泛，它可以用于储存和释放气体、催化化学反应、制备化妆品、消防灭火等。下面，我们就来看看液体弹珠在化妆品方面的应用，了解它是如何让我们的肌肤变得更美丽和健康的。

图11-10 液体弹珠用于制备化妆品：（a）正在通过玻璃漏斗的自由流动的干水粉末，标尺：1 cm[9]；（b）某厂家开发的爆水散粉

当包覆有大量液体化妆品的液体弹珠粉末接触到皮肤时，通过轻轻揉压，它就会发生破裂并释放出内部包覆的水分，使皮肤感到湿润和舒适，同时也会将活性成分输送到皮肤中，发挥其功效。液体弹珠还可以使化妆品呈现出哑光的效果，因为它几乎不含油脂，不会让皮肤看起来油光满面。其次，因为不需要使用液态油保住水分，所以非常适合敏感和易干燥的肌肤。目前，国内外已经上市了一些利用液体弹珠技术制备的化妆品产品。

结语

液体弹珠是一种以液滴为核、微纳米粉末粒子为壳的有趣物质，它不仅具有许多神奇的性质，还有广阔的应用前景。随着液体弹珠研究的不断深入，相信未来会有更多的惊喜和发现等待着我们。

参考文献

参考文献

作者简介

冯玉军，四川大学二级教授，博士生导师，国家级领军人才、中国科学院“百人计划”学者，科技部创新人才推进计划“中青年科技创新领军人才”，享受政府特殊津贴专家。主要从事智能高分子材料和两亲小分子组装体等软物质材料的制备及在油气开采和CCUS等领域中的应用研究。

备注：本章内容部分来源于作者2020年在《物理化学学报》刊物第36卷第10期上发表的题为“液体弹珠：制备策略、物理性质及应用探索”的综述文章。

第12章

食用色素

景一丹　张效敏

12.1 什么是食用色素?

中国作为美食大国，食物讲究“色、香、味”，其中“色”作为第一要义，直观首要地体现了食品的色泽，从视觉上极大地影响着人们的食欲。从古至今，食用色素都发挥了不可忽视的作用。如图12-1所示。

食用色素作为一种食品添加剂，在我们的日常饮食中随处可见。色素是一种本身具有颜色并能使其他物质着色的物质，所以食用色素又称着色剂，是赋予食物色泽的常见食品添加剂。最早人类从动植物中提取出天然色素，较为广泛地应用于食物着色。

我国西南一带流传至今的“三月三”吃五色糯米饭习俗[1]，在清光绪年间的《镇安府志·卷八》便有记载：“三月三日染五色饭、割牲烹酒”。家家户户都用红兰草、黄饭花（或黄姜）、枫叶、紫蕃藤等植物泡出红、黄、黑、紫四种颜色，与糯米本色一起做成五色饭，寓意生活如百花灿烂、吉祥如意、人丁兴旺、身体健壮、五谷丰登。

人类对色素的利用从无到有，从有到兴。

常用的食用色素有六十余种，按照溶解性可分为水溶性和脂溶性，按其化学结构可分为偶氮色素类（图12-1）（如苋菜红、胭脂红、日落黄、柠檬黄、新红、诱惑红、酸性红等）和非偶氮色素类（如赤藓红、亮蓝等），也可以分为醌类衍生物、酮类衍生物、多酚类衍生物、异戊二烯衍生物、四吡咯衍生物等，按照来源又可分为天然色素和人工合成色素。

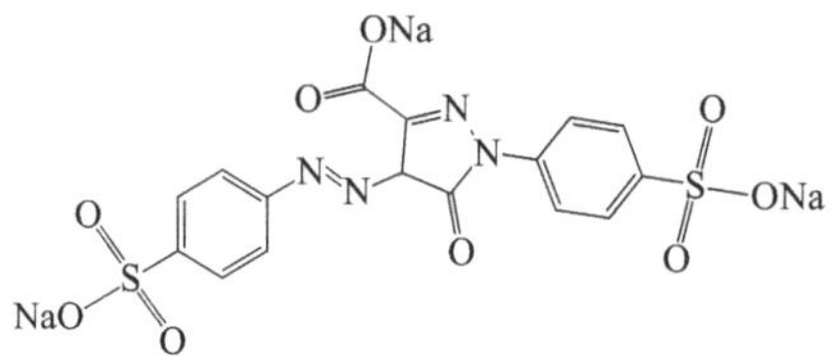

图12-1 偶氮类色素——柠檬黄的结构式[2]

12.2 天然色素与人工合成色素

(1) 天然色素

食品天然着色剂主要来自天然色素，按其来源不同，主要有三类：一是植物色素，如甜菜红、姜黄、β-胡萝卜素等；二是动物色素，如紫胶红、胭脂虫红等；三是微生物类，如红曲红等。

食用天然色素对糖果类、饮料类、糕点类、乳制品类、豆制品类、调味料类、水产加工类、肉类及腌制品类等食品都有所涉及和影响。在自然界中，天然色素来源广泛，基本上集中在植物、动物和微生物中。按照色调、溶解性质和化学结构可以对天然色素做进一步的细分（见表12-1）。

表12-1 天然色素的分类

依据	分类	样例
来源	植物色素	花青素、姜黄素、叶绿素、甜菜红素
	动物色素	胭脂虫红、紫胶红
	微生物色素	红曲色素、紫色杆菌素
色调	冷色调色素	花青素、栀子蓝、叶绿素
	暖色调色素	番茄红素、姜黄素
溶解性	水溶性色素	花青素、红曲红、栀子黄
	脂溶性色素	类胡萝卜素、叶绿素
化学结构	四吡咯衍生物	叶绿素、血红素
	异戊二烯衍生物	类胡萝卜素
	多酚类衍生物	花青素、花黄素
	酮类衍生物	红曲色素、姜黄素
	醌类衍生物	胭脂虫红

天然色素的应用范围十分广泛，包括食品、保健、化妆品、纺织品等方面。其中，食用天然色素是色素行业中发展最早的一个分支，它的发展伴随着人类生产生活水平的提升。

天然色素在保健领域也颇具优势，包括良好的生理功能、显著的药理作用以及丰富的营养成效等。例如姜黄素具有抗氧化、抗诱变、抗肿瘤以及降血脂和抗动脉粥样硬化作用；虾青素有保护眼睛和中枢神经、防紫外线辐射、预防心血管疾病等功能；β-胡萝卜素可以在人体内转化成维生素A原，发挥维生素A的作用，为人体补充营养。

追溯至古，我国运用天然色素给食物染色的史实非常丰富。《食经》和《齐民要术》等书中有关于利用天然色素为食品着色的记载，如用艾青做青饺，用红米和茜草科植物使食品着色等。唐代诗人杜甫在《槐叶冷淘》中描述到“青青高槐叶，采掇付中厨。新面来近市，汁滓宛相俱。”唐代百姓在夏季常吃一种碧绿色凉面，其配方中的染色剂则是将槐叶水煮、捣汁而成。明代李时珍在《本草纲目》中记载“摘取南烛树叶捣碎，浸水取汁，蒸煮粳米或糯米，成乌色之饭。”江南一带常用南蚀叶汁染成乌饭食用。明代宋应星所著《天工开物》第十七卷《曲蘖》中详细记载了古人利用红曲酿酒的工艺，红曲的主要作用是防腐和着色，它是由紫红曲霉接种在米上培养而成，这些微生物红曲霉菌丝所分泌的色素是绝佳的调配酒着色剂。还有一些红曲能够产生较高活性的蛋白酶，因而也可以用红曲腌渍鱼、肉、豆腐等高蛋白食品，使其拥有丰富的色泽和口感。

我国提取天然色素的史实同样有记载。司马迁的《史记·大宛列传》中记载：汉代张骞奉汉武帝之命出使西域，在此期间被匈奴招婿，留居足足十二载。归汉时，张骞带回了富有西域特色的“胭脂”和“红蓝”以及他的“胡妻”和“胡奴”，并引进了从植物栽培到色素提取的成套胭脂制作工艺。实际上，制取胭脂的原料是一种叫做红蓝花的天然植物，其含有的红色素色泽艳丽，绚烂夺目。但红蓝花中同时也含有大量黄色素易造成色彩干扰，影响纯度。于是，匈奴人便思考如何才能将黄色素除去，直到后来采他们采用一种调节酸碱溶液来萃取红色素的技法实现了色素分离，匈奴人制作胭脂的技术经查证为[3]：由于游牧民族畜牧业发达，乳酪制品产量丰富，于是匈奴人先用制干酪时的乳酸汁处理红蓝花，溶出其中的黄色素；再利用地理上的多泽之地，提取其中的天然碱（Na_2CO_3）溶出红蓝花的红色素；最后加入过量的乳酸汁中和碱并使红色素沉淀出来；如此反复进行色素溶解和中和反应，就可以把黄色素溶干净，得到艳丽纯正的红色胭脂了。在后来北魏贾思勰所著《齐民要术》中也有对红蓝花色素提取分离的记载：“杀花法：摘取即碓捣使熟，以水淘，布袋绞去黄汁，更捣，以粟饭浆清而醋者淘之，又以布袋绞汁即收取染红勿弃也。绞讫著瓮中，以布盖上，鸡鸣更捣以粟令均，于席上摊而曝干，胜作饼，作饼者，不得干，令花浥郁也。”选用发酸澄清的粟米浆或者食醋淘洗红蓝花，分离出黄色素；再用传统的草木灰碱性水溶液进行萃取，浸泡一宿；最后用乌梅汁中和得到纯正的红色染液。可见，杀花法和匈奴人提取色素的方法具有异曲同工之妙，均利用了色素在不同环境（pH值）中的溶解度差异，实现了色素间的提取和分离。

吸附层析法是分离、提纯和鉴定有机物的重要方法。俄国植物学家M.Tswett最早用柱层析法分离色素，1903—1906年，他将叶绿素的石油醚溶液倒入碳酸钙管柱，并继续以石油醚淋洗，由于碳酸钙对叶绿素中各种色素的吸附能力不同，所以色素被逐渐分离，在管柱中出现了不同的色谱图。后来，这种混合物的分离方法被称为色谱法，又称层析法。比如菠菜中的色素能够在粉笔上分层，其中的四种主要色素胡萝卜素、叶黄素、叶绿素a、叶绿素b，均属共轭多烯的衍生物，大烃基结构的存在使得这几种色素易溶于乙醇、石油醚、丙酮等有机溶剂。而胡萝卜素、叶黄素、叶绿素由于极性差异，在层析液中的溶解度和分离速度也不同。利用其溶解性差异，我们可以根据各色素的溶解特性对其进行柱层析分离实现分离和提取。如图12-2所示。

传统的天然色素提取方法存在着提取率低、能耗高、耗时长等缺陷。随着科学技术的发展，天然色素领域的研究和开发得到重视，新技术不断涌现了。例如超临

胡萝卜素结构式

叶黄素结构式

叶绿素a结构式

叶绿素b结构式

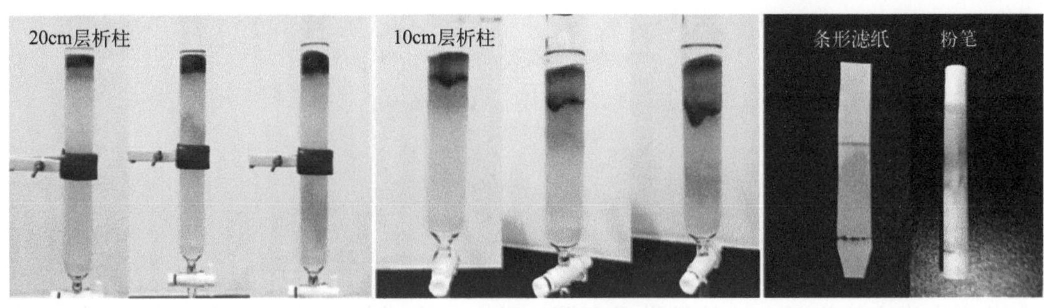

图12-2 不同分离方法的对比

界流体法，可通过调节压力或温度方便有效地分离不同极性的组分；微波萃取法，在微波的高频振荡下极化分子产生撕裂和相互摩擦的效应引起发热，细胞内部温度急剧升高从而导致破裂，使胞内物质流出，被提取剂溶解；超声提取法，利用超声波辐射所产生的强烈空化效应、热效应、机械效应、乳化、扩散、击碎、化学效应以及凝聚作用，增大物质分子的运动速度，增强溶剂穿透力，加速目标成分进入溶剂等。

（2）人工合成色素

人工合成色素是依据某些特殊的化学基团或生色基团合成的色素。

19世纪中叶，欧洲流行疟疾，当时18岁的研究生William Henry Perkin（图12-3）正进行着合成抗疟疾特效药物金鸡纳霜（奎宁）的工作。受到导师Hofmann的启发，他设想通过粗苯胺的氧化制得奎宁[4]。一天，他把强氧化剂重铬酸钾加入到了苯胺的硫酸盐中，结果烧瓶中出现了一种沥青状的黑色残渣，随后他采用加入酒精的办法来清洗烧瓶，没想到黑色物质溶解后居然变成了绚烂的紫色溶液。由于当时人们的衣物都是采用天然植物染料进行染色，无论是色彩鲜艳度还是着色牢固度都不能令人满意，于是研制奎宁失败的Perkin另辟蹊径，决定获得这种染料的生产专利权。他通过化学方法从工业垃圾煤焦油中大量提炼出粗苯胺原料，再合成紫

威廉•珀金

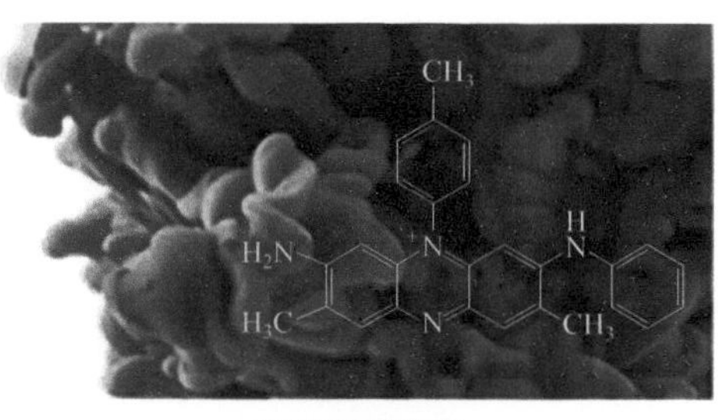

1856苯胺紫溶液

图12-3　威廉·铂金与其发明的苯胺紫染料（图片来源于https://www.instrument.com.cn/netshow/SH100344/news_520361.htm）

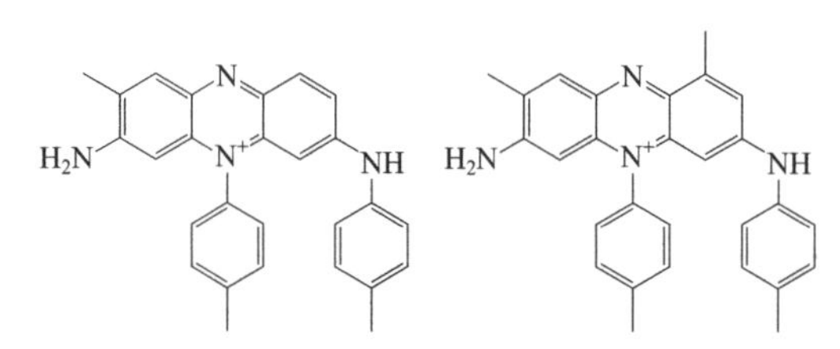

图12-4　苯胺紫两种主要成分的结构式

色色素作为衣物染料。这就是世界上第一种人工合成的化学染料苯胺紫，也被后人认为是有机化学工业的起点。William Henry Perkin很快申请了专利，并与父亲和哥哥联合开办了染料工厂。现代化学分析表明，苯胺紫是一种三芳甲烷结构的碱性色素（见图12-4），与蛋白质纤维的羧基阴离子可以形成盐键结合而达到染色的效果。

19世纪中期以前，人们的衣物都是采用天然植物染料进行染色，天然紫色染料非常稀有，因此备受贵族阶层推崇。“born in purple”便表示出身名门，紫色与高贵、富足联系在一起。苯胺紫染料的工业化生产，不仅打破紫色专属贵族的垄断，使得这种与“富贵”的颜色进入百姓家，人类也因此进入了多彩的世界，自此色素的工业化生产得到飞速发展，许多有机色素被相继合成。

随着科学技术的发展，合成色素也广泛应用于食品领域。GB 2760—2014《食品安全国家标准　食品添加剂使用标准》中批准使用的食用合成色素有柠檬黄、日落黄、靛蓝、亮蓝、胭脂红、诱惑红等二十余种[5]。人工合成色素鲜艳的色泽、低廉的成本、高效的制作工艺，为食品加工行业带来了巨大的经济效益。

现代食品生产中有非常多人工合成食用色素的应用，例如有“甜点奢品”之称的传统西式甜品马卡龙(Macaron)，因其制作过程中不能掺有水分，所以各种缤纷色彩都是以人工合成的食用色膏染色而成，包括偶氮类着色剂如胭脂红、日落黄、柠檬黄等，如果由水果榨汁或选取果酱染色会导致颜色在烘焙高温下褪色变浅，影响外观。

12.3 天然色素比人工合成色素更好吗?

考虑到着色性能和经济因素，人工合成色素有着更为出色的应用价值（见表12-2）。例如纺织品在摩擦牢度、皂洗牢度、日晒牢度上有着更多的需求，故越来越多的优质人工合成染料取代了原有的天然染料。

表12-2 天然色素和合成色素的优缺点对比

项目	天然色素	人工合成色素
优点	① 色调自然	① 种类丰富，原材料来源广泛
	② 安全性较高，低指标副毒性	② 易于着色，保色性强，具有良好的稳定性
	③ 具有良好的药理作用和营养保健功能	③ 成本较低，经济效益高
缺点	① 上色效果差，染色分布不均匀	① 部分色素具有毒性，对人体危害大
	② 着色不稳定，对光照、温度、pH值、水质以及金属离子催化剂敏感	
	③ 难以调色，不同色素间的溶解性差异较大，色调调配范围有限制	② 对人体生理机能没有营养价值和功能性作用
	④ 提取分离工序复杂，成本高，纯化难度大	③ 生产过程中易对生态环境造成污染，不环保

进入20世纪以来，现代毒理学和分析化学有了飞跃性的进展，人们的知识普及程度逐渐提高，开始广泛认识到合成色素进入人体后的转化机理以及合成色素对人体有较为严重的致畸致癌性[6]。特别是偶氮化合物类合成色素的毒性（包括致泻性和致癌性）尤为明显。此类物质在人体偶氮还原酶的作用下可能分解产生芳香胺类化合物，长期低剂量摄入也存在致突变、致癌的可能性。大多数合成色素为萘胺、硝酸、磺基、萘、萘酚及对氨基苯磺酸等化合而成，一些色素的硝基在人体内代谢时可能会产生β-萘酚等强致癌物，这无疑对人体健康存在着一定的隐患。各种食品安全事件带来的社会舆论表明，合成色素的安全性已成为了当代消费者健康的一大热点议题。

当下，人工合成色素的安全性问题虽广受争议，但天然色素远远满足不了日益发展的食品工业的需求，完全忽视合成色素所带来经济效益和发展空间是不可行的。

另外，天然并不等于完全无毒害，某些天然色素也存在着安全隐患。如某些天然色素的化学结构并不明晰、天然色素的加工过程中可能会引入化学合成原料。因此，简单地说天然色素比合成色素安全性高并非绝对事实。

无论是天然色素还是人工合成色素，其安全性都要站在同一标准线上进行风险评估。

12.4 食用色素的使用标准

每个国家对食品着色剂的种类和使用均有明确规定。国际食品法典委员会（CAC）等国际组织、部分地区的法规和标准中也都有食品天然着色剂和食品合成着色剂的使用规定；且在不同的食品类别的使用种类和使用剂量均有独立标准。

我国《食品安全国家标准　食品添加剂使用标准》（GB 2760）明确规定了允许使用的食品色素的品种、使用范围及使用限量或残留量，且同一色素在不同的食品类别中的使用剂量均有独立标准。比如柠檬黄添加在沙拉酱中的最大剂量为0.5g/kg，在果冻类食品中的最大使用量却限制在0.05g/kg；干酪类食品中允许使用的着色剂有柑橘黄、高粱红等天然色素，而像柠檬黄这类人工合成色素被禁止使用。标准规定，只要食品中使用了着色剂，就必须在标签上进行标识[5]。

无论是天然色素还是人工合成色素，GB 2760中允许使用的都是经过安全评估获得批准的，按照标准规定和相应质量规格要求规范使用就是安全的，不会给消费者的健康带来危害。

对超范围、超限量使用食用色素的监管需要不断加强。消费者也应理性看待食用色素，从科学和自然的角度去认识食品成分和感官质量。

12.5 食用色素的应用趋势

食用色素作为一种食品添加剂，在我们的日常饮食中随处可见。不过也有不少人听到食品添加剂就内心一阵隐忧，觉得这类物质与有机化合物、食品添加剂、工业染料、酸碱指示剂等紧密相连。日常食用安全吗？常见诸于报端的诸如“食品安全监督抽检结果发现部分食品存在着色剂超范围、超限量使用”[1]的报道等，并伴随着当代人们消费健康意识的逐渐提升，加剧了人们对食用色素安全使用的隐忧。

人们对于色彩与美的塑造不断有新的认知和追求，消费者对天然食用色素相关的健康益处的认识也不断提高，全球对天然食用色素的需求大幅增加。近年来，提取天然色素的技术和工艺日趋成熟，天然色素在轻工业尤其是食品加工行业中的使用范围越来越大，食用色素领域由兼顾健康因素和经济效益的天然色素和人工合成色素并用逐渐变成由天然食用色素主导市场。目前，人类为食品着色的发展历程可大致概括为：天然色素—人工合成色素—天然色素与人工合成色素并用—更加安全、稳定的天然色素。

流行趋势下，化妆品行业和时装行业兴起，人们对于色彩与美的塑造有了新的认知和追求，食用色素的适用范围进一步拓展。彩妆方面，如番茄红素可以用来制作唇彩、腮红等；染发方面，如天然草本色素可以对烫染褪色发质进行同色修补和损伤修护；护肤品方面，如可可色素对肌肤具有保湿滋润、延缓衰老等功效。服饰、织物的染料中也不乏天然色素的应用，例如天然靛蓝被广泛应用于我国民间传统扎染工艺，采用红曲色素上染获得的深红色丝绸常用于高档服装和真丝围巾等。

美国市场研究机构Grand View Research对食用色素的市场规模和趋势预测进行了调研统计，报告显示，2022年全球食用色素市场规模为29.5亿美元，预测期在2023—2030年以6.3%的复合年增长率增长，其中天然食用色素是占比最大的产品类别[6]，为市场总收入的80%以上（见图12-5，图12-6）。由于消费者对天然食用色素相关的健康益处的认识不断提高，全球对该产品的需求正在大幅增加，2022年全球天然食品色素市场规模估计为13.3亿美元，预计2023年至2030年将以8.3%的复合年增长率增长。开发和应用天然色素将成为世界食用色素发展的总趋势[7]。

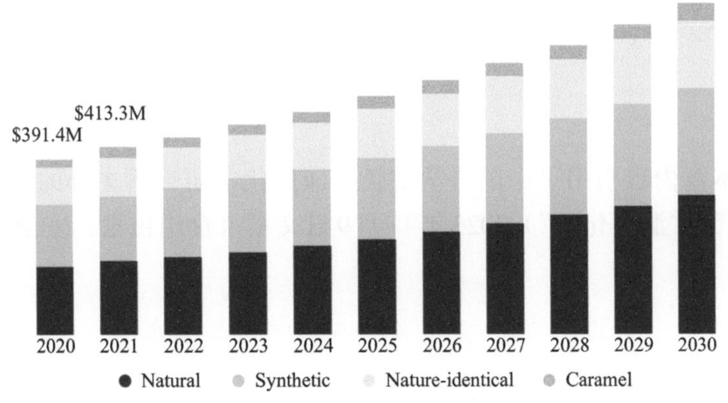

图12-5　2020—2030年美国食用色素市场规模（百万美元）[6]

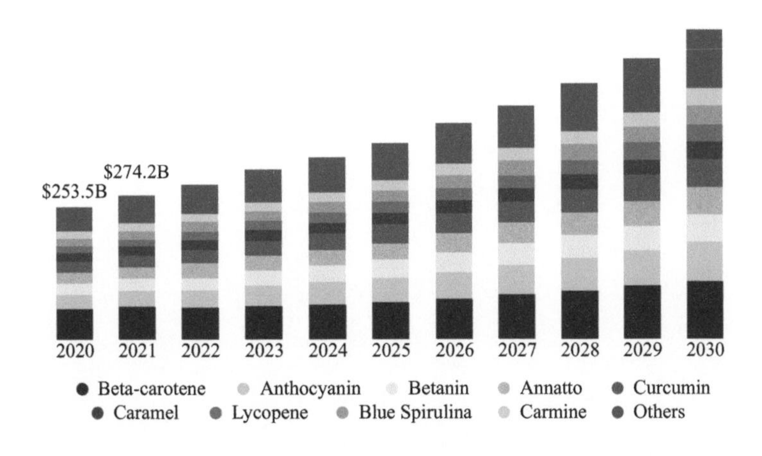

图12-6　2020—2030年美国天然色素市场规模（百万美元）[7]

近年来，在天然色素的提取上还在进一步提升无毒无害的生产工艺[8]，在食用合成色素方面致力开发具有低活性、不被人体吸收、基本无毒害的大分子聚合物合成色素[9]，同时也在探索环保无毒的次级代谢产物——微生物色素，以替代有毒害的化学合成色素[10]。期待这些研究为食品加工行业带来新的发展前景。

参考文献

参考文献

作者简介

景一丹，湖南师范大学化学化工学院高级实验师，担任湖南师范大学对社会开放的中小学生趣味化学实验班主讲教师，近六年寒暑假期间带领中小学生开展了十余期趣味实验活动。2018年获评湖南师范大学课程教学设计大赛一等奖，2022年获评第十一届湖南省优秀科普作品，主持完成湖南省创新型省份建设专项科普专题项目一项，主研的项目获评湖南省基础教育教学成果奖特等奖一项（排名2）。

备注：本章内容引用了中国科学院长春应用化学研究所主办的公众号“化学通讯”（现更名为“洞察化学”）2023年11月9日文章《食用色素，安全吗？》。